· 经典润泽心灵　智慧点亮人生 ·

素书的修身智慧

李学典◎编著

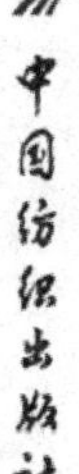

内 容 提 要

《素书》是一部关于人生、人性、人道和谋略的书。全书共六篇，130句，1360字。虽然字数很少，但句句都是经典，无论是治国、处世，还是修身、待人，读者总能从中找到自己所需要的智慧。

本书以《素书》为基础，从中选择智慧精华，以古为今用的视角，结合大量案例，对《素书》进行全新的演绎。希望本书可以帮助普通人提升自身修养，为从政者提供有益参考，给企业经营者带来思路借鉴，使更广泛的读者从中受益。

图书在版编目（CIP）数据

《素书》的修身智慧 / 李学典编著.—北京：中国纺织出版社，2016.1（2024.1 重印）

ISBN 978-7-5180-1826-0

Ⅰ.①素… Ⅱ.①李… Ⅲ.①个人-修养-中国-古代 ②《素书》-通俗读物 Ⅳ.①B825—49

中国版本图书馆CIP数据核字（2015）第161464号

责任编辑：李伟楠　　责任印制：储志伟

中国纺织出版社出版发行

地址：北京市朝阳区百子湾东里A407号楼　邮政编码：100124

销售电话：010-67004422　传真：010-87155801

http: //www.c-textilep. com

E-mail：faxing@c-textilep. com

中国纺织出版社天猫旗舰店

官方微博http://weibo.com/2119887771

北京兰星球彩色印刷有限公司印刷　各地新华书店经销

2016年1月第1版　2024年1月第3次印刷

开本：880×1230　1/32　印张：9

字数：169千字　定价：39.80元

前　言

《素书》被称为中国谋略第一书，由秦汉奇人黄石公所著，是一部类似于“语录”体的书。黄石公是中国道教史上的传奇人物。《神仙通鉴》关于他的记载：“神龙为帝，见一异人，形容古怪，言语颠狂，上披草衣，下系皮裙，蓬头跣足，指甲长如利爪，遍身黄毛覆盖，手执柳枝，狂歌乱舞，口称：‘予居黄石山，树多赤松，故名。’”因此，后人将这位奇异的老人称作黄石公。

相传黄石公于圯桥密授张良此书，黄石公曾对张良说：“你若精读此书，就可以成为帝王的老师，十年后更会成就大事。”果然，张良凭借书中的智慧和谋略，做了刘邦的军师，辅佐他成就了建立汉朝的大业。以至于做了汉太祖的刘邦感叹道：“运筹帷幄之中，决胜千里之外，我不如张良。”张良不仅凭借此书助刘邦灭项羽，兴大汉，还以此书明哲保身，得享天年。张良在死后将这部书带入墓中。五百多年后，西晋时期，天下大乱。盗墓贼盗掘了张良的坟墓，在头下的玉枕中发现了这本书，全书共计1336字，里面题有类似咒语：不允许将此书传给不道、不神、不圣、不贤之人，否则将遭受灾祸；但是如果遇到合适的人却不传授，也将遭受灾祸。可见当事人对这本书是非常重视的。

北宋时期的大学者张商英曾经如是评价："即便是尧、舜、禹、周文王、傅说、周公旦、孔子、老子这些古圣先贤的思想智慧也没有超出这本书的范围，功成名遂的张良也不过用了书中道理的十之一二，就如诸葛亮、王猛、房玄龄、裴度这样的名臣贤相，对此书的大道也未必足以领会清楚。"后世人称这本书是"以道家为宗，集儒、法、兵诸家思想于一体的智慧圣典，修身处世、统军治国的神策奇书，中国谋略第一书"。

《素书》分为六章，分别是原始章、正道章、求人之志章、本德宗道章、遵义章、安礼章，书中不仅包含治国安邦的大谋略，更具修身处世、为人之道的宝贵智慧。

原始章开篇点题，提出了做人、做事的根本，那就是道、德、仁、义、礼，五位一体，不可分离，缺一不可。

正道章主要讲了要成为统治者应该树立怎样的形象才能服众，黄石公提出了"人之俊""人之豪""人之杰"的标准。

求人之志章对于什么是"志"做了更加明确的解释和细化，主要是讲了如何克制自己，做到"动心忍性"，养成修身、齐家、治国、平天下的毅力。

本德宗道章明确了"志"的本义，并指出了以德为本，以道为径的笃行之术。

遵义章中延续了"志"的话题，从"义"的角度来阐述不遵守"道义"的行为将会导致何种结果，阐明了以德治国的重要性和实用性。

安礼章从“礼”的角度来阐发。最终又回归到“道”，从而对“道、德、仁、义、礼”的作用做了一个全面的小结。

《素书》中不但有正面经验，同时亦有反面训诫，无论是从政还是为商，《素书》都是一部不可多得的好书。为了让读者更深刻地体会《素书》的智慧，本书以《素书》为基础，从中选择智慧精华，尝试运用现代视角，结合大量案例，对素书进行了全新的演绎。本书分为十章，从《素书》中提炼出了修德的智慧、容人的智慧、诚信的智慧、律己的智慧、交友的智慧、统御的智慧、隐忍的智慧、顺势的智慧、明察的智慧、取舍的智慧。编著本书，旨在帮助普通人提高个人修养，为从政者提供有益参考，给企业经营者带来思路借鉴，努力使更广泛的读者从中受益。

原作微言大义，编者才疏学浅，不当缺憾之处，在所难免，恳请读者赐教和指正。

编著者

2015年9月

目录

第一章　德足以怀远
——修德的智慧

成功之道，在以德而不以术/2

能征服人心的是道德/5

修德内能成己，外能成物/8

讲求方正，以德立身/10

高行微言，君子之德/12

做上品人，养浩然正气/15

“德”比“才”要稳妥/17

为官清廉就是德/20

要立志去施行仁德/23

第二章　仁者，人之所亲
——容人的智慧

善积而成仁，仁者能容人/26

不责人小过，不发人阴私/29

虚怀能容，宽广能恕/32

责人以宽，不过于苛求/35

记人之善，忘人之过/38

放宽心态对待同行业的竞争/41

福在积善，学会关爱别人/44

第三章　信可以使守约

——诚信的智慧

讲信守义，可为“人豪”/50

以诚育物，赤诚待人/54

恪守原则，坚持以信为本/57

失去信义就会失去人心/60

坚守岗位，敬业就是诚信/63

言出必行，就是领导之信/66

第四章　高行微言，所以修身

——律己的智慧

控制自已，修剪心性之苗/70

遵守礼仪，不学礼无以立/72

终生学习，学不可以已/76

知者不言，言者不知/79

穷不失志，富不忘本/82

以身殉物，过莫甚焉/84

藏巧用晦，难得糊涂/88

智寡身孤，德残自恃/92

第五章　枉士无正友，曲上无直下
——交友的智慧

有了朋友，则众志成城/96

结交正直的朋友/98

益者三友，损者三友/100

趣味相投，才能成友/102

同爱、同志与同难/106

提升自己，结交强者/109

匹夫不可以不慎取友/111

第六章　任材使能，所以济物
——统御的智慧

其身正，不令而行/116

保持距离，不怒自威/120

礼贤下士，求贤如渴/124

知人善任，人尽其才/127

善于识人，发现潜在人才/131

使民以时，因势用人/134

疑则勿任，任则勿疑/137

任人唯亲是用人之大敌/139

多许少愿，所属离心/144

宁找愚人，不用小人/146

忠言逆耳，要仔细聆听/150

第七章　潜居抱道，以待其时
——隐忍的智慧

小不忍则乱大谋/154

隐忍与奋发，关键在“度”/158

真人不露相，露相非真人/162

天道酬勤，坚持到底/165

防人之心不可无/169

君子慎密，事不密则害成/171

时运不济，守得淡泊/175

只有无争，才能无忧/178

第八章　逆者难从，顺者易行
——顺势的智慧

识时务者为俊杰/184

得机而动，时至而行/186

改变自已，适应社会/189

事变我变，人变我变/193

抓住问题的关键/198

保持自己的“强”之所在/203

平衡业绩与人际关系/206

懂得变通，随圆就方/209

第九章　明于盛衰之道，通乎成败之数
——明察的智慧

先人一步洞察世事/214

懂得成事的规律，把握进退的尺度/216

前人经验，要从中借鉴/219

深谋远虑，察觉祸机/221

看到未来，目光长远/224

未雨绸缪，防患于未然/227

辨明是非，知众容非/229

察人之明，看得穿小人/231

从一举一动间察觉人心/233

把话说到对方心坎里/235

明白物极必反的道理/239

第十章　见利而不苟得，此人之杰也

——取舍的智慧

给人生做一次“减法”/244

欲望须用“度”来控制/247

知足者有吉庆之福/250

由俭入奢易，由奢入俭难/253

静躁稍分，昏明顿异/255

克服利过而义不及/258

多一分谨慎，多一条退路/260

分出善恶，做出取舍/263

功成身退，天之道也/266

参考文献/271

德足以怀远

——修德的智慧

成功之道，在以德而不以术

原典

是以其道足高，而名重于后代。

意译

这样的人往往能达到很高的境界，成为后世的典范，为后代所敬仰。

修身智慧

为什么一个“道足以高”的人会“名重于后世”？黄石公这样说是想告诉我们，道德是为人处世的最佳通行证。成功之道，在以德而不以术，以道而不以谋，以礼而不以权。成大事的人往往拥有高尚品德和博大胸怀。

《易经》说：“地势坤，君子以厚德载物。”一个人在做人做事方面应该顺应自然，胸怀博大，宽以待人。一个人的能力是有限的，心胸开阔、宽容待人就能得到别人的尊重和爱戴，别人也就会努力工作，尽心为你效劳。有德之人更能明白别人所追求的利益，并能尽力给予最大的满足。世人求利以满足生存所需，求名以彰显自身价值并获得尊重，有德之人了解、尊重并帮助别人实现目标，因而得到他人拥护。综观历史，有大成就的人必然有德行而能令人为其舍命效劳。

北宋名将狄青和猛士刘易之间有一段这样的故事。有一年，狄青要出守边塞，他的好朋友韩将军向他推荐了一名猛士，这名猛士叫刘易。刘易熟知兵法，善打恶仗，对狄青守卫的那段边境的情况非常熟悉，狄青带他一起到边境去十分必要。但是刘易有个不良嗜好，就是特别爱吃苦荬菜，一顿饭吃不到苦荬菜就会呼天喊地、骂不绝口，甚至还会动手打人，士兵、将领都有点怕他。

刘易和狄青一起到边塞后，忙于军务，每天早起晚睡，从内地带的苦荬菜很快就吃完了，而边塞又见不到这种野菜。这天，士兵送来的菜里缺少了苦荬菜，刘易便把盛饭菜的器皿扔到地上，并在军营中大闹不止。士兵将此事报告给狄青，狄青听了非常生气。

就这种情况而言，刘易这样的人是绝不能留在戍边军队中的，但刘易又确实与众不同。狄青考虑，与这种性格刚烈的人发生正面冲突，不仅破坏了自己与韩将军的朋友关系，而且会影响刘易的情绪；但如果放任不管，势必会动摇其他士兵的军心，影响戍边大业。

于是，狄青出面好言安抚刘易，并立即派人回内地去买苦荬菜。一部分将领见到这种情况，非常不服气，说狄将军骁勇善战，屡建奇功，而刘易何德何能，却要狄将军放下军务派人去给他弄苦荬菜吃。特别气盛的将领还想去与刘易比一比武艺，杀一杀刘易的威风。狄将军急忙劝阻众将说：“刘易原来不是我的部下，如果你们与他计较，争强斗胜，传出去势必会给敌人以可乘之机。我们现在要加强团结，绝不能争一时之短长。”

当这些话传到刘易的耳中时，他非常感动。狄将军派人专程去买苦荬菜，刘易觉得自己获得了同情和理解；狄将军劝阻将领勿争强斗胜，刘易觉得是真正顾全大局，宽宏大量。他意识到，在这种情况下，自己不该再给非常忙碌的狄将军添麻烦。

过了几天，刘易懊悔地去找狄青，说：“狄将军，您治军严整，我在韩将军手下时就有耳闻。这次我因这么点小事就大闹，您不仅不责怪我，还原谅了我，我一定会报答您。”从此，刘易再也没为苦荬菜闹过事，并且逢人便夸狄将军的宽阔胸怀。

狄青不仅征服了刘易，而且征服了其他将领、士兵。更重要的是，他在做事情时站在一个高度上，不因小瑕疵而影响大局的风范，值得每个人学习。

能征服人心的是道德

原典

德足以怀远。

意译

高尚的品德足以使四方咸服。

修身智慧

武器可以杀死人，却不能征服人心。真正能征服人心的，不是武器，而是道德，即《素书》所言："德足以怀远。"良好的道德品质足以使人对你心悦诚服。道理能征服人，主要靠真理的力量；道德能征服人，主要靠人格的力量。人格和德行作为一种非智力因素，尽管不是道理，但往往胜于道理。从某种意义上说，德行是形象的道理，道理是抽象的德行。

弘一大师未出家前曾给学生讲解了他对"先器识而后文艺"的理解。在他看来，要首重人格修养，次重文艺学习。具体地说，要想做一个好的文艺家，必须先做一个好人。这是李叔同的文艺观，也是他的人生观。出家后的李叔同，也是先做一个好和尚，后研究佛法的。正是由于他的人格魅力，受其感召而皈依佛门者不计其数。

佛教的创始人释迦牟尼就真正做到了以德服人。他曾自己扫地、自己修葺房屋、为弟子裁衣、为老人穿针、照顾生病的弟子等。他的每一个行为都体现出了内在高尚的品德，正是他的这种品德最终让佛法发扬光大。

有位青年脾气很暴躁，经常和别人打架，大家都不喜欢他。

有一天，这位青年无意中游荡到了大德寺，碰巧听到一位禅师在说法。他听完后发誓痛改前非，于是，对禅师说："师父，我以后再也不跟人家打架、斗口角了，免得人见人烦，就算是别人朝我脸上吐口水，我也只是轻轻地擦去，默默地承受！"

禅师听了青年的话，笑着说："哎，何必呢？就让口水自己干了吧，何必擦掉呢？"

青年听后，有些惊讶，于是问禅师："那怎么可能呢？为什么要这样忍受呢？"

禅师说："这没有什么能不能忍受的，你就把它当作蚊虫之类的停在脸上，不值得与它打架或者骂它。虽然被吐了口水，但并不是什么侮辱，就微笑着接受吧！"

青年又问："如果对方不是吐口水，而是用拳头打过来，那可怎么办呢？"

禅师回答："这不一样吗？不要太在意！这只不过一拳而已。"

青年听了，认为禅师实在是岂有此理，终于忍耐不住了，举起拳头，向禅师的头上打去，并问："和尚，现在怎么办呢？”

禅师非常关切地说：“我的头硬得像石头，并没有什么感觉，但是你的手大概打疼了吧？”青年愣在那里，无话可说。

禅师告诉青年的是“德”，“德”不是空口的说教，而是实际的行动。正因如此，才有了震撼人心的力量。

孟子说：“天时不如地利，地利不如人和。”这里的“人和”便是一种高尚的品德。

对于一个国家尚且可以用道德的王道来加以征服，那么，对于个人而言则更是如此。一个道德高尚的人不但能够使自己成就不凡的人生，而且可以感化周围的人，使善的力量遍及人间。

修德内能成己，外能成物

原典

先莫先于修德。

意译

修德养性，这是首要任务。

修身智慧

修德是人行走于世的第一前提，它之所以能成快乐之源，在于其内能成己，外能成物。修德看起来是个很大的命题，许多人认为“德”的境界太高，非圣贤不可达到。事实上，“修德”不是能做不能做的问题，而是肯不肯去做的问题。这就好像把泰山夹在胳膊底下跳过北海，告诉人说：“这个我办不到。”这真是不能。但是，替老年人折取树枝，告诉人说：“这个我办不到。”这是不肯做，不是不能做。

南宋诗人杨万里的妻子在古稀之年，每到天寒时，天不亮就早早起床，然后径直走进厨房，熟练地生火、烧水、煮粥。满满的一大锅粥要熬上很长时间，杨夫人每次都耐心地等着。

清甜的粥香顺着热气渐渐充满了厨房，飘到了院子里。院子的另一边，仆人们伴着这熟悉的香气陆陆续续地起床，洗漱完毕后，来到厨房，并接过杨夫人盛起的满满一大碗热粥喝了起来。

杨夫人的儿子杨东山每每看到母亲忙碌的身影，都甚是心疼。一次，他劝母亲说："天气这么冷，您又何苦这么操劳呢？"杨夫人语重心长地说："他们虽是仆人，但也是各自父母所牵挂的子女。现在天气这么冷，他们还要为家里做活。让他们喝些热粥，心中有些热气，这样干起活来才不会伤身体。"

杨夫人的善意举动人人都可去实践。她通过一件小事便实践了"修德"的精神。所以，所谓"大德"皆是由日常生活中的小小善意积累而成。同时，杨夫人能设身处地为别人着想，既教育了儿子，也温暖了仆人们的心。可见如果人人都能实践道德，不但能够提高自身品德修养，而且可以感化周围的人，使善的力量遍及人间，如此，便是人生一大乐事。而且，德行高尚的人，往往拥有极大的人格的力量。这种力量能使人心悦诚服，有时甚至能不战而屈人之兵，不战而使万国来朝。

讲求方正，以德立身

原典

德为人所得，亦为万物各得其所欲。

意译

德，即人顺应自然的安排而使其欲求得到满足的能力，世间万物亦如此。德使万物各得其所而各尽其能。

修身智慧

《素书》说，德为人所得，亦为万物各得其所欲。意思是，顺应天道即为“德”。这说明，一个人在做人做事方面应该顺应自然，胸怀博大，宽以待人。俗话说：“一分恭敬，一分功德。”凡成就大事者，必有其高尚的道德修养。德是一种觉悟，是一种理念，是一种境界，只要你的修养具备了一定高度，懂得吃亏是福，懂得童叟无欺，懂得诚信取利的奥妙，你就绝不会为富不仁。

一个品行不端、德行糟糕的人很难结识到真正的朋友，也很难获得长久的事业成功。这样的人令人无法与之长期合作，因为这种人不是搞一锤子买卖，就是过河拆桥；这种人在家庭中，也会做出不道德的事情，极有可能给另一方和孩子带来痛苦和不幸；他们甚至可能因为某种利益的驱动，铤而走险而落入法网……

要走向成功，需要讲求方正，以德立身，这是一个成功者必须确立的内在标准。没有这个内在标准，人生之路就会失去支撑，最终走向失败。

有一家钟表店门庭冷落，不甚景气。一天，店员贴出了一张广告，上面说，本店有一批手表，走时不太精确，24小时慢24秒，望君看准择表。

广告一经打出，很多人都迷惑不解，更有店主的好友打电话询问。店主坦率地说："诚实是我开店的原则，我不会为了个人私利而损害大家的利益。"

出人意料的是，广告打出不久，表店的生意开始好转，门庭若市，生意兴隆，很快销完了库存的手表。

正是因为店主有着非同一般的品格，他才能做出这样的决定。也许很多顾客正是被店主诚实的做人态度所感动，才愿意走进这家表店。俗话说，做人要美，做事要精，立业先立德，做事先做人。做任何事情，都是从学做人开始的。如果连人都做不好，还谈何事业。

以德立身贯穿于每个人人生的全部过程，是一个人做人最根本的原则。在人生的不同阶段，道德对人的要求虽有着不同的变化，每个人体验和经历的内容也不一样，但是，"以德立身"的人生支柱是不变的，它对每个人的人生大厦起着支撑作用的定律是不变的。

德是一种境界，是一种追求，也是一种力量，是一种震慑邪恶、净化环境、提纯思维、吸引财源的动力，德能使人内功强劲，无往而不胜。所以，大胜靠德，业绩与德行的修养成正比。我们要想取得事业上更大的成功，就必须注意自己的德行修养，必须把自己的德行修养做扎实。

高行微言，君子之德

原典

高行微言，所以修身。

意译

行为高尚，言语谨慎，可以平心静气、修身养性。

修身智慧

如果用现代流行语来解释“高行微言”，便是“高调做事，低调做人”。正如孔子说“讷于言”而“敏于行”的人，才是真正的君子。

“高调做事”不是张扬与夸耀自己的功业，而是指为人要保持高尚的修养。当年管宁与华歆交善，曾与华歆同席读书，但华歆因门前富贵人家乘车经过而跑去观望，管宁便与其割席分坐，从此绝交。管宁割席，不与贪慕荣华的人交往，正是其“高行”的体现。

高调做事，是在为人处世上向高标准看齐。张廷玉是清朝有名的重臣，雍正初晋大学士，后兼任军机大臣。张廷玉虽身居高位，却从不为子女们谋求私利。他秉承其父张英的教诲，要求子女们以“知足为诫”，其代子谦让一事即为突出的例子。

张廷玉的长子张若霭在经过乡试、会试之后，于雍正十一年三月参加了殿试。诸大臣阅卷后，将密封的试卷进呈雍正帝亲览定夺。雍正帝在看至第五本时，认为此考生言辞恳切，“颇得古大臣之风”，遂将此考生拔置一甲三名，即探花。后来拆开卷子，方知此人即大学士张廷玉之子张若霭。雍正帝十分欣慰，他说：“大臣子弟能知忠君爱国之心，异日必能为国家抒诚宜力。大学士张廷玉立朝数十年，清忠和厚，始终不渝。张廷玉朝夕伴朕左右，勤劳翊赞，时时以尧舜期朕，朕亦以皋、夔期之。张若霭秉承家教，兼之世德所钟，故能若此。”并指出，此事“非独家瑞，亦国之庆也”。

可是张廷玉却不这么认为，当他得知消息后恳切地向雍正帝表示，自己身为朝廷大臣，儿子又登一甲三名，实有不妥。他说：“天下人才众多，三年大比，莫不望为鼎甲。臣蒙恩现居官府，而犬子张若霭登一甲三名，占寒士之先，于心实有不安，倘蒙皇恩，名列二甲，已为荣幸。”张廷玉是深知一、二甲的这一差别的，但是为了给儿子留个上进的机会，他还是提出了改为二甲的要求，并再次恳求：“皇上至公，以臣子一日之长，蒙拔鼎甲。但臣家已备沐恩荣，臣愿让与天下寒士，求皇上怜臣愚忠。若君恩祖德，佑庇臣子，留其福分，以为将来上进之阶，更为美事。”张廷玉“陈奏之时，情词恳至”，雍正帝“不得不勉从其请”，将张若霭改为二甲一名。不久，在张榜的同时，雍正帝为此事特颁谕旨，表彰张廷玉代子谦让的美德，并让普天下之士子共知之。

可喜的是其子张若霭十分理解父亲的做法，而且不负父亲的厚望，在学业上不断进取，后来在南书房、军机处任职时，尽职尽责，颇有其父之风。其父能秉低调做人之原则，而其子又不负众望，能行高标之事，实在是皆大欢喜。

除了“高行”，“微言”同样是修养品性的一大法则。所谓“微言”即是“低调做人”，注意在言语上不夸说，出言谨慎，思虑过后再出口。这是中国传统文化几千年来一贯倡导的美德。儒家向来反对夸夸其谈，巧言令色。孔子就认为巧言令色之人“鲜仁”（缺乏仁爱之心）。

世上的事情，本就真假难辨，亲眼看到的尚不可信，没有亲眼所见的事情，更不可多说、胡说。有几分证据说几分话，看似容易，行之则难。一来人们说话总喜欢渲染，不知不觉就会把事实夸大；二来人们为了达到种种目的会忽视言语不实的危害。

做上品人，养浩然正气

原典

见嫌而不苟免。

意译

即使处于容易被人猜疑的处境中也不逃避，仍能做自己该做的事情。

修身智慧

所谓豪杰即是品行正直的人，这样的人正如南怀瑾先生在《原本大学微言》中提到的中国历史上的英雄和名士那样，是大豪杰，他们肝胆侠义，风流倜傥。《素书》认为，成为人之杰非常重要的一条是“见嫌而不苟免”，即遭到猜疑也要坚持做自己认为正确的事。

真豪杰懂得事有所为，有所不为，知道什么该做，什么不该做。不该做的，就算是可以带来巨大的利益，也不会去做。虔诚守护良知的人，让世人敬重，如屈原、孟子、陶渊明、文天祥等，一世英名照汗青；抛掉良知的人，受世人唾骂，如秦桧、严嵩、汪精卫等，遗臭万年遭唾弃。

南宋奸臣秦桧以“莫须有”之罪害死岳飞，为世代百姓所痛恨。人们在位于杭州的岳王坟以铁铸成秦桧夫妇跪像，来表达对他们的愤恨。

话说有个姓秦的浙江巡抚，上任后见秦桧夫妇的跪像受辱，感到颜面无光，想将铁像搬走。为免激起民愤，他命人在夜间偷偷把铁像搬走，扔进西湖。不料，次日湖水忽然发出恶臭。由于岳王坟前的铁像不翼而飞，百姓纷纷要求官府调查。不久，铁像竟然从湖底浮起。百姓将铁像捞出，放回岳王坟前，湖水又清澈如初，臭味全无。百姓都认为是秦桧弄污了西湖。姓秦的巡抚见此情形，亦无可奈何。

后来有秦姓人做诗：“人自宋后少名桧，我在坟前枉姓秦。”秦桧就这样向罪恶交出了自己的人格，从此遗臭万年，永远被世人所唾弃。

孟子一句“如欲平治天下，当今之世，舍我其谁也”，如一股浩然正气奔涌而出，瞬间便“沛乎塞苍冥”。正是这股浩然正气使孟子不与混乱的现实环境妥协，始终坚持自己的理想和人格，成为了顶天立地的大丈夫。

子曰：“富而可求也，虽执鞭之士，吾亦为之；如不可求，从吾所好。”孔子所谓的求，不是“努力去做”的意思，而是“想办法”，如果是违反原则求来的，那是不可以的。孔子认为一个人做什么并不重要，关键在于他能否坚持自己内心的良知，一个品性正直的人，无论在什么时候，都不会违背自己的良知。像孟子这样的圣人，并不是不懂得怎样去“阿世苟活”，向时代风气妥协，以便获取利益。他实在“非不能也”，而是不肯为也。坚守自己的良知，宁可为正义穷困受苦，也不愿苟且现实，追求那些功名富贵。这就是圣人人格。

良知，是无愧人生的底色。谁愿意遗臭万年？想必只有那些没有良知、贪婪无耻之辈。而大多数人都想保持清白的良心，屹立于天地间，问心无愧地过完此生，以求无憾。

修身养性，做上品人，一生以养浩然正气为人格修养大目标，也许下一位圣人就在这种修养过程中渐渐浮出历史水面了。人总有一天会走到生命的终点，金钱散尽，一切都如过眼云烟，只有精神长存世间，所以，人生追求的应该是一种境界。

“德”比“才”要稳妥

用人不得正者殆，疆用人者不畜。

任用不正直的人，必将产生危险；勉强用人，一定留不住人。

修身智慧

出身高贵的人未必德行高尚，出身卑贱的人也未必品行卑劣；出身富贵的人未必知识富有，出身贫贱的人也未必才识拙劣。在人类历史上，曾经轰轰烈烈干出一番事业，作出贡献的人才中有不少都是出身低微的“卑贱者”。因此，出身并不能反映一个人的品德才能，更不能决定他的一生。

“唯德是举”比起“唯才是举”来说有很大的好处，尽管德才兼备的人才是每个企业家孜孜以求的，但是这样的人才毕竟很少。当只能在“德”与“才”之间选择的时候，选择“德”会比选择“才”要稳妥得多。有人会说“唯德是举”容易漏掉一些真正有才华的人，但是一个有才无德的人若占据公司的重要位置，那么他将会给公司带来毁灭性的灾难。因此从这个意义上讲，人品重于泰山。这是一个不容商议的话题，德行的重要我们每个人都会有所体会。同时我们自己也必须是一个人品良好的人才能获得同事的好感，以及上司的赏识。不要指望依靠自己的一点小聪明来敷衍工作、糊弄公司，这样做的后果只会让你追悔莫及。

在开办胡庆余堂药店的时候，胡雪岩已经拥有白银三千万两、土地一万亩和正飞速发展的丝行和典当的生意，在他看来，药店的主要目的是救死扶伤，赚钱倒在其次，因此，药店的规矩就是可以向无力付钱的病人免费送药，而且他还告诉店员和坐堂经理要“戒欺”，也就是说不欺骗顾客，不卖假药。为了更好地实行他的经营理念，对于药店的总管人选，胡雪岩颇费了一番周折。

在胡庆余堂开张后，胡雪岩广泛征选药店总管，一时间应者云集。这些人都大谈生意经：怎么回收成本、提高利润、扩大规模，有的人还信誓旦旦地保证只要他管着药店，药店绝没有亏本的道理。对此，胡雪岩总是笑笑，一个人也没有录用。

一天，一个偶然的机会，胡雪岩听说江苏松口余天成药号的总管兼股东余修初一心想在药店干出一番名堂来，只是苦于自己的资金不足。胡雪岩马上到松江去拜访余修初，果然，余修初一见胡雪岩询问自己药店的事情，就神情大振，告诉他，为了保证出售药品的质量，就要建立自己的药厂，有自己的药号，然后才是自己的药店，只有保证这些环节都有序可控，才会真正形成自己的药市。余修初的一番话说到了胡雪岩的心坎里，胡雪岩当即请他出任胡庆余堂的总管。

药店关乎人的生死，即使少赚点钱，也不要卖假药，这才是开药店的根本宗旨。也正是因为这样，当胡雪岩听到伙计打报告说购买到了假药，就马上命令其销毁，而那个打报告的伙计因为人品问题最终被开除。

其实不光药店是这样，任何行业都要远离那些品行不正的人，只有这样，那些小人的恶毒目的才不能达到，才能保证行业发展的健康有序。道德是一种职业的操守，是你承担某一责任或者从事某一职业时所表现的职业精神。很多优秀的人士实际上都把个人品德作为第一标准，把职业道德作为职场生涯的重要组成部分，或者把职业操守作为个人的精神理念。

为官清廉就是德

原典

货赂公行者昧。

意译

赌赂政府官员成风，则社会政治必然昏暗、愚昧。

修身智慧

翻开人类的历史，公心对人，平心对事，为人处世，最好是天平轻重，以求公平二字，则人们没有不服从的。不能以公为私，以私害公，这两点为官者定要铭记在心。为官者的公心最直接的体现之一即是清正廉洁。黄石公说："货赂公行者昧。"如果为官受赂必然法度昏乱，黑白颠倒。私心胜者，可以灭公。为官者最重要的是什么？公心。

不以公为私，就在于廉而不贪。这不但要观察他的从前，更要观察他的后来。顾亭林在《日知录》中说："季文子死时，以大夫礼节入殓，以他用过的家用器具陪葬。没有锦衣的妾婢，没有吃粮食的马，没有家藏的金银，没有贵重家器。君子就知道季文子是忠于王室了。辅佐三代君主，而没有家私积蓄，难道能说不忠吗？”

为官不为财，只是为了尽自己的责任，发挥出自己的最大作用。像这样的人，还有很多，诸葛亮就是其中之一。

诸葛亮呈表给后主刘禅说：“我家在成都有八百棵桑树，薄田十五顷，子孙的穿吃二事，全靠自家，我觉得宽裕有余。至于我在外面，没有别的调度，只有随身衣物、食用之类，全都仰仗官府，不另索取，以长尺寸。我死的时候，不要使内有余帛，外有盈财，以辜负陛下。”到诸葛亮死的时候，正像他所说的那样。廉洁，不过是人臣的一节，而史家称他为忠。

读过诸葛亮的表言，可以看出他的操守，他的志趣，他的肝胆，他的赤诚之心，无不字字见血，句句心长，可以与日月同辉。读了他的表言的人，几乎没有人不为他的精神所感化。

因为清廉，所以受人尊敬，也因为清廉，所以能够流传千古。诸葛亮等人的这种精神，不仅为自己的人生亮了一盏明灯，更对后人起到了深远的影响。

道光二十八年，曾国藩因为处理满族秀才闹事的案子，遭到了满族大臣的弹劾。为了熄众怒，道光皇帝对曾国藩采取了惩罚，从二品官员降职为四品了。官位虽然不及以前，但是曾国藩的实权却大了起来。当时，曾国藩的名声被传得越来越响，京城之中，就没有不知道他的，所以前来拜访的人也越来越多，求字求文的人也不少。

在官场中，曾国藩一直怀着“当官以发财为耻”的信念，所以每年除了那一点俸禄，也就没有什么额外的收入了。曾国藩遭贬职以后，虽然权力大了，可是俸禄却减少了，一段时间下来，曾府的生活变得更加拮据了。

对于生活上的事情，曾国藩是不操心的，可是他的管家唐轩却急得不行。这天，唐轩拿着账本给曾国藩过目，还没等他说话，曾国藩就问："是家里没钱了吧？"唐轩说："大人英明。不瞒您说，您上个月光给人写字用的纸墨钱就20两银子，可是给出去的字却分文未收，这就是白扔钱啊。咱们的账上现在只有12两银子了。"曾国藩笑着抚慰唐轩说："没关系，咱们省着点用，够撑到下个月发俸禄的时候了。以后每顿饭可以只吃素菜，这样可以节省一些钱，也可以再裁下去两个轿夫，省几个大钱。"

唐轩听了，忙跟曾国藩说："大人，咱们家的轿夫能用几个钱啊？他们都比别家大人的轿夫少挣很多钱的，之所以不离开大人，是因为看重大人的人品。如果大人就这么把他们裁了，恐怕对不住人家的这份心啊。"曾国藩闻言，心里又是一阵感触："大家何苦跟我受这个苦呢！"唐轩说："大人，同样为官，恐怕只有您的收入最少了。"曾国藩点了点头，"我要是想挣更多的钱，就不会做官了，像左宗棠那样开几个店铺，哪年不赚几万两银子啊？当官要的就是名声，如果为了一些钱而毁了自己的名声，那还不如不做了。很多人看不透这一点，所以不能做一个廉明的好官。其实廉和贪就好像是一对兄弟一样，一不小心就可能将自己送入万劫不复的深渊啊。"

唐轩听了大人的话，被大人为官不贪的品质深深地感动了。

曾国藩说的没错，要想发财就不要去做官，以做官而发财，终究会有凄凉之日。作为一身之计，就不必为财；为了子孙之计，就不必留财。财多，必然累己、害己。还不如清廉自守，留个好名声，留个好榜样给子孙后代。

要立志去施行仁德

原典

务善策者无恶事；

意译

行善积德，自然没有坏事侵扰；

修身智慧

孔子说：“一个人如果立志去施行仁德，那就不会去做坏事。”《论语·雍也》篇中有孔子这样的一段话：“人之生也直，罔之生也幸而免。”一个人能够很好地生存是因为他品行正直，而一个人在这个世界上能够生存而品行却不正直，这种情况很少，在孔子看来那也是因为他侥幸地躲过了灾难。所以说：“务善策者无恶事。”心怀仁念行事之人，必能远离恶行。

“仁者无敌”，这其实并不是一句高调。随着市场经济的发展，很多人错误地认为，所谓的“仁爱、良心”已经没有实际意义了，这其实是一种既狭隘又短浅的观点。从长远的发展看，立志行仁，内心就会有一种向善的自律力量，它会使一个人产生强烈的使命感和责任感，不但拥有推动生活、事业的正确力量，而且也能够在整个前进的路上，不产生内在的焦虑、彷徨，同时令外界见不得人的干扰、攻击对你敬而远之。

无论在古代还是在当前，时代的变化并不能改变事物自身的规律。用心险恶、手段卑劣，虽然有时候能获取蝇头小利和暂时的好处，但毕竟不是正道；只有内心仁德平和，行为光明正大，才是能够成就大事、行之久远的正确的做人做事途径。

被称为内圣外王的曾国藩曾说自己，宁可被认为无才而为庸人，也不可被认为有才无德而为小人。这反映了他在仁德与才干之间的价值取向。随着社会的不断规范，选拔人才也是以品质为先的。各行各业，都有自己的职业道德。

一个人能心志于仁，不做坏事，无论何时何地，都不会真的吃大亏、被欺负。而从整个社会的发展规律看，这种人也是符合道德取向和职业需要的。

品行映照的是我们的灵魂，一个人如果品行修炼不好就会感到灵魂不安，而且容易犯下错误。即使是一次微不足道的错误行为，也会给以后的生活带来挥之不去的阴影。这种不良记录终将受到应有的惩罚。同时，一个人的不良行为也会使整个社会为之付出代价。一个人的名誉、能力要想得到社会公众长久的认同，必须持续地在每一件事上都为自己的态度负责。在我们的工作中，你种下什么种子，将来必定收获什么样的果实，这就是人们常说的因果定律。

第二章

仁者，人之所亲

——容人的智慧

善积而成仁，仁者能容人

原典

仁者：人之所亲，有慈慧恻隐之心，以遂其生成。

意译

仁，即人所具有的慈悲、怜悯之心，有此心，人就会产生各种善良的愿望和行动。

修身智慧

黄石公在《素书》中对“仁”推崇备至，认为各种善良的愿望和行动都会随着“仁”而生。的确，我国的儒家思想将“仁爱”置诸高位，对其无尚崇敬。《论语》有曰：“仁者，爱人。”何谓仁，即关爱他人。又曰：“夫仁者，己欲立而立人，己欲达而达人。”这是推己及人的肯定方面，叫做“忠”；而推己及人的否定方面，孔子称之为恕，即“己所不欲，勿施于人”。推己及人的这两个方面合在一起，就叫做忠恕之道，亦称之为“仁之方”，即施行仁术的方法。

仁爱思想讲究付出、不计回报，提倡扶危济困、尊老爱幼，古来受到儒家仁爱思想影响的先贤不计其数，不仅如此，他们的仁爱之道常能达到及人的程度。

诗人屈原在幼年时期就有悲天悯人的情怀。当时正逢连年饥荒，屈原家乡的百姓们吃不饱穿不暖，时有沿街乞讨、啃树皮、食埃土者，幼小的屈原见之不禁伤心落泪。

一天，屈原家门前的大石头缝里突然流出了雪白的大米，百姓们见状，纷纷拿来碗瓢、布袋接米，将米背回了家。

不久，屈原的父亲便发现家中粮仓中的大米越来越少，他很奇怪。

有一天夜里，他发现屈原正从粮仓里往外背米，便将屈原叫住，一问才知道原来是屈原把家里的米灌进了石缝里。

乡亲们知道了真相都很感动，纷纷夸赞屈原。

父亲没有责备屈原，只是对他说："咱家的米救不了多少穷人，如果你长大后做了官，把百姓管理好，天下的穷人不就有饭吃了吗？"

自此屈原勤奋治学，成人后才能被楚王得知，便召他为官，管理国家大事。他为国为民尽心尽力，为后世之人所称颂。

屈原所做的一切正是出于心中的"仁念"，其性情中的仁爱成就了他的千古美名。"善为至宝，一生用之不尽。"善良之于人性，就好像食物之于饿欲一般重要。只要心存善念，则风波不起，广施善行，则天下太平。蜀主刘备在临终前曾给其子刘禅下过一道遗诏，其中有云："勿以善小而不为。"即使很小的善行也要去做，只有小善积多才能成为利天下的大仁。

一位住在山中茅屋修行的禅师，有一天趁夜色到林中散步，在皎洁的月光下，突然开悟。他喜悦地走回住处，眼见到自己的茅屋遭小偷光顾。找不到任何财物的小偷要离开的时候在门口遇见了禅师。原来，禅师怕惊动小偷，一直站在门口等待。他知道小偷一定找不到任何值钱的东西，早就把自己的外衣脱掉拿在手上。

小偷遇见禅师，正感到惊愕的时候，禅师说："你走老远的山路来探望我，总不能让你空手而回呀！夜凉了，你带着这件衣服走吧！"

说着，就把衣服披在小偷身上，小偷不知所措，低着头溜走了。

禅师看着小偷的背影穿过明亮的月光消失在山林之中，不禁感慨地说："可怜的人呀！但愿我能送一轮明月给他。"

禅师目送小偷走了以后，回到茅屋赤身打坐，他看着窗外的明月，进入空境。

第二天，他在禅室里睁开眼睛，看到他披在小偷身上的外衣被整齐地叠好，放在门口。禅师非常高兴，喃喃地说："我终于送了他一轮明月！"

面对偷窃的盗贼，禅师既没有责骂，也没有告官，而是以仁爱之心给他谅解，并以这份苦心换得了小偷的醒悟。禅师送了小偷一轮明月，这轮明月照亮了小偷的心房。给一个小偷以谅解，这是小善，却含大德。

自古以来，爱人者人恒爱之。唯有你对他人施予仁和爱，他人才会以德报德。不管你是贩夫走卒，还是高官显贵，唯有仁爱之心才能让你从容淡定、广结善缘，才更能显现你的情深义重。人生来便受父母之爱恋、兄姊之悌怜，情义仁爱是最早具备的情感和德行，它最能体现人情味，其乃人性中的无价之宝，我们自当珍惜。

不责人小过，不发人阴私

原典

怨在不舍小过。

意译

怨恨之所以产生，是因为放不下小过错。

修身智慧

人非圣贤，孰能无过。宋代文士袁采说过："圣贤犹不能无过，况人非圣贤，安得每事尽善？"人与人之间相互往来，不可避免地要出现或大或小的错误，这个时候不要动不动就横加指责，大声呵斥，甚至恨不得将其置于走投无路的境地才罢休，这种偏激的做法，惹急了别人，对自己绝对没有好处。对于这一点，黄石公早在两千多年前就对我们提出了告诫，他说："怨在不舍小过。"很多时候，别人对我们产生仇恨心理并不是因为我们得罪了他们，而是我们对他人的小过不怀宽容之心。

西汉宣帝时的丞相叫丙吉，他有一个车夫很好喝酒，醉酒后常有不检点的地方。有一次酒后为丙吉驾车，结果呕吐起来，弄脏了车子。丞相的属官为此骂了车夫一顿，并要求丙吉将此人撵走。丙吉说："何必呢！他本是一个不错的驭手，现在因为喝酒的过失被撵走了，谁还会再雇用他呢，那叫他以后怎么办！就容忍了吧，况且，也不过就是弄脏了我这个当丞相的车垫子罢了。"于是继续让他驾车。

这个车夫的家在边疆地区，经常有关于边疆情况的消息。一次他外出，正巧碰上驿站上来了个从边郡往京城送紧急文件的使者，他就跟随到皇宫正门负责警卫传达的公车令那里去打听，知道是匈奴侵犯云中郡和代郡等地。他马上赶回相府，将情况报告给丙吉，并建议道："恐怕在匈奴进犯的边境地区，有一些太守和长吏已经老病缠身，难以胜任用兵打仗之事了，丞相是否预先查验一遍，也好临事有个措施。"丙吉听了觉得车夫的想法很对，到底家在边境的人对这些事就考虑得特别细致，于是召来属吏有司，让他们立即统计有关人员情况，做到对边境官员有个比较充分的了解。

不久，汉宣帝召见丞相和御史大夫，询问遭匈奴侵犯的边境守将情况，丙吉一一对答如流，而御史大夫仓促间哪能回答得出，皇帝见他那副一言不发的窘态，大为生气，狠狠加以责备，而对丙吉则大加赞扬，称许他能时时忧虑边境事务，忠于职守。其实，皇帝哪里知道这全是车夫的提醒之功啊。

军国大事本不是车夫所长，丙吉在朝也难以想到边区的具体状况。只因容人小过，却意外收到了如此有利的效果。

面对一个人所犯下的过错，我们当以什么样的心态去对待？对于受害方来说，对犯错之人施以惩戒，得到的是什么？只不过是一时的畅快而已。错误已经犯下，后果已经酿成，我们要做的是去弥补后果，仅仅对犯错之人施以惩戒，得到的将是另一个错误。

民国初年军阀割据时代，一位高僧受大帅邀请素宴。席间，发现在满桌精致的素肴中，有一盘菜里竟然有一块猪肉，高僧的随从徒弟故意用筷子把肉翻出来，高僧却立刻用自己的筷子把肉掩盖起来。一会儿，徒弟又把猪肉翻出来，打算让大帅看到，高僧再度把肉遮盖起来，在徒弟的耳畔轻声说："如果你再把肉翻出来，我就把它吃掉！"徒弟听到后再也不敢把肉翻出来了。

宴席后高僧辞别了大帅。归寺途中，徒弟不解地问："师傅，刚才那厨子明明知道我们不吃荤的，为什么把猪肉放在素菜中，我当时只是要让大帅知道，处罚他而已。"

高僧说："每个人都会犯错，无论是'有心'或'无心'，如果刚才大帅看见了猪肉，盛怒之下就会把厨师枪毙或施以严重惩罚，这都不是我所愿见的，所以我宁愿把肉吃下去。"

徒弟点着头，深深地体悟着这个道理。

现实生活中，由于每个人思考角度不同，难免会有一些误会、摩擦；或因一时迷于名利，办了糊涂事。如果我们不能忘记他人的过失，一直心存怨恨，不但会对身体无益，影响健康，而且会使自己始终活在怨恨的阴影里，小则纠缠于日益紧张的人际关系中，大则冤冤相报，困在不断升级的恶斗之中，伤身害命。

其实，除了这种做法，我们还可以选择放开心胸，宽容待之。所谓浊者自浊，清者自清。为人处世，"不责人小过，不发人阴私，不念人旧恶"，不仅会让对手和敌人化为己用，而且当我们拥有这种美德时，我们就向更加成熟、有所进步的自己靠近了一步。

在我们生活的世界，从来没有永远平静的大海，也从来没有一马平川的人生。只要我们活着，再好脾气的人也或多或少地会有和别人发生口角和争执的时候，这个时候如果针尖对麦芒地应对，只会让整个人生陷入悲伤的循环中。只有宽容、接纳不如意，继续往前走，才能摆脱这种循环。恢弘大度，胸无芥蒂，才能吐纳百川，既养德又远害。

虚怀能容，宽广能恕

原典

自厚而薄人者弃废。

意译

对己宽厚，对别人刻薄者，必将被人所唾弃。

修身智慧

古人历来强调严于律己，宽以待人。正如《增广贤文》中所言："以责人之心责己，以恕己之心恕人。"亦是提倡人们要以严格要求别人的态度来严格要求自己，而以宽容自己的心态去宽容他人。黄石公在《素书》中表达了同样的理念，即："略己而责人者不治，自厚而薄人者弃废。"意思是，对自己放松要求，而对他人却求全责备，这样的人无法治理好天下，会受人唾弃。治理天下如此，对待他人也是一样的道理。但是在生活中，人们更习惯于宽待自己，苛求他人，这并不利于自身发展，也不能与他人和谐相处。苛求他人，必定会在人际交往中产生摩擦，宽待自己必然导致自高自大，难以发现自身的缺点，也失去了学习的机会。这种做法并不能给我们带来幸福。

唐代大将郭子仪、李光弼二人原本在节度使史思顺手下当差，但二人长期不和，到了水火不容的地步。

史思顺外调，郭子仪因才华出众而被任命为节度使，李光弼担心郭子仪公报私仇，欲带兵逃走，但又有点模棱两可，犹豫不决。当安禄山、史思明发动叛乱时，唐玄宗命郭子仪领兵讨伐。身为大将，此时正是报效国家的时刻，李光弼找到郭子仪说："我们虽共事一君，但形同仇敌，如今你大权在握，我是死是活，你看着办吧！但恳请放过我的妻儿。"

营帐里的气氛顿时凝固起来，众多将领不知所措。在这种情形下，如果郭子仪感情用事，后果将不堪设想。但郭子仪毕竟有大将风度，他握住李光弼的手，眼含热泪地说："国难当头，皇上不理朝政，作为臣子，我们怎能以私人恩怨为重，而置国家安危存亡于不顾呢？"说完倒地便拜。

李光弼被郭子仪的诚心所感动，他在战斗中积极出谋划策，打败了叛军。郭子仪推荐李光弼当上了节度使。后来，李光弼的权力也日益增大，与郭子仪同居将相之职，二人之间没有半点猜忌之心。

这是一个皆大欢喜的结局，它不仅因为郭子仪虚怀能容，宽广能恕，更因为诚心感动人而获得双赢。就像廉颇与蔺相如的关系一样，郭子仪与李光弼的友谊也成了千古佳话。

苏州有一家很大的货行，叫方裕和。从前就开始发生货物失窃走漏的事情，而且丢的都是燕窝、鱼翅等贵重的海货。知道了这件事后，方老板不动声色地查访，经过了很长时间才弄清楚，原来是他最信任的伙计伙同漕帮的人，将店里贵重的货物弄出去以后，运到外面去，经过了水路的周转，之后再出售。难怪方老板在本地并没有找到可疑的赃货。

在方老板的逼问之下，那个伙计终于承认了自己的偷窃行为。按照普通人的做法，那个伙计一定会在赔偿店里的损失以后被开除，可是方老板没有那么做，他觉得一个人在两年之内没有让他找到蛛丝马迹，也是一种本事，而且这件事牵扯较大，如果深究下去，一定要开除一批人，也不利于自己店面的运营，所以就没有让那个伙计“走路”，反而给他升了职，还加了他的薪水。那个伙计感恩图报，再也没干偷货的事了。

方老板的这种做法，或许已经做得相当漂亮了。可是，还有一点不足，就是不应该跟那个伙计说明他的偷窃行为已经被老板知道了。理由很简单，做贼的，一定不能被拆穿，一旦拆穿了就会留下痕迹，以后不管怎么做，心理总会有一点不舒服。所以，最好的办法就是不动声色，还给他加薪升职，专门让他负责查处丢货一事。

俗话说：“人怕破脸，树怕扒皮。”人做了坏事，如果被戳穿了，即使没有受到处罚，心中也会留下疙瘩，日后也没有办法安心地与老板相处。他会因为害怕老板不信任而畏首畏尾，没有办法放开手去做工作。这样，等于是老板的损失。所以，做事情要多考虑别人的想法，给对方留有余地，才能让他因为感恩而对自己更加死心塌地。这正是给人留路，给己铺路的道理。

责人以宽，不过于苛求

原典

略己而责人者不治。

意译

对己宽容，对别人求全责备者，什么事情也办不好。

修身智慧

在生活中，我们应做到责人以宽，责己以严。具体说来就是如果我们想要让别人服从我们的管理，首先要把自己要求自己的标准提得比别人高一些，才会形成影响力，而在具体实行时，适当灵活运用这些原则，对待别人宽厚些，反而会让别人打心底里服气并主动向更高的标准靠拢。

汉文帝时，袁盎曾经做过吴王刘濞的丞相。他的从使与他的侍妾私通。那个从使怕袁盎降罪于他，就畏罪逃跑了。袁盎知道后亲自带人将他追了回来，将侍妾赐给了他，对他仍像过去那样倚重。

汉景帝时，袁盎入朝担任太常，奉命出使吴国。吴王当时正在谋划反叛朝廷，想将袁盎杀掉。他派500人包围了袁盎的住所，袁盎对此事毫无察觉。恰好那个从使在围守袁盎的军队中担任校尉司马，他就买来200石好酒请这500个兵卒开怀畅饮。围兵们一个个喝得酩酊大醉，瘫倒在地。当晚，从使悄悄溜进了袁盎的卧室，将他唤醒，对他说："你赶快逃走吧，天一亮吴王就会将你斩首。"袁盎问："你为什么要救我呢？"从使对他说："我就是以前那个偷了你的侍妾的从使呀！"袁盎大惊，赶快逃离吴国，脱离了险境。

宽容是一种处世哲学，宽容也是人的一种较高的思想境界。有些时候，宽容别人也就是善待自己。袁盎若不是能够以德报怨、宽以待下，恐怕早在吴王叛乱时命丧黄泉了。

秦穆公失了一匹心爱的骏马，后来在岐山下找到了，原来是农民们吃了，吃马肉的有三百余人。官吏要惩治他们，穆公不同意，他爱民之心超过爱马之心，关怀地对他们说："君子不以畜产害民，吾闻吃骏马不饮酒，伤人。"便叫随从让他们每人喝了酒，然后才离去。后来，晋秦两国打仗，秦穆公被晋军包围，即将被俘虏，正在这一危急时刻，一支生力军冲出把秦穆公救了出来，使秦军反败为胜，俘虏了晋惠公。原来这支生力军就是当年吃马肉的农民。

古语有云："海纳百川，有容乃大。"海纳百川，是因为其“有容”，所以才成其“大”。每条河流在入海的时候都泥沙俱下，如果大海计较，只想要清清的河水却不想要泥沙，那么恐怕大海也早已经干涸了。

每个人处于社会中，都免不了要与他人打交道，有时难免会面对别人的为难与挑衅，这时就应当宽厚容人，不过于苛求他人，善于容人之过，这样我们的周围才会充满知心的朋友和支持者。

齐国的孟尝君是战国四公子之一，以养士和贤达而闻名。他的门客有时多达三千人，只要有一技之长，就可投其门下。他一视同仁，不分贵贱。他因养士而在一定程度上保全了国家。

有一次，孟尝君的一个门客与孟尝君的妾私通。有人看不下去，就把这事告诉了孟尝君：“作为您的手下亲信，却背地里与您的妾私通，这太不够义气了，请您把他杀掉。”孟尝君说：“看到相貌漂亮的就喜欢，是人之常情。这事先放在一边，不要说了。”

一年之后，孟尝君召见了那个与他的妾私通的人，对他说：“你在我这个地方已经很久了，大官没得到，小官你又不想干。卫国的君王和我是好朋友，我给你准备了车马、皮裘和衣帛，希望你带着这些礼物去卫国，与卫国国君交往吧。”结果，这个人到了卫国并受到了重用。

后来齐卫两国因故断交了，卫君很想联合各诸侯一起进攻齐国。那个与孟尝君的妾私通的人对卫君说：“我听说齐、卫国的先王，曾杀马宰羊，进行盟誓说：‘齐、卫两国的后代，不要相互攻打，如有相互攻打者，其命运就和牛羊一样。’如今您联合诸侯之兵进攻齐国，这是违背了您先王的盟约。希望您放弃进攻齐国的打算。如果您听从我的劝告就罢了，如果不听我的劝告，我定要用我的热血洒溅您的衣襟。”卫君在他的劝说和威胁下，最终放弃了进攻齐国的打算。齐国人听说了这件事后，说：“孟尝君真是善于处事、转祸为福的人啊。”

心宽者，能够关心人，帮助人，体贴人，责己严，待人宽。这所有的一切都是成功者或者将要走向成功之人的高贵品质。

以身作则时，我们应该严格要求自己，一切按原则办事。但是待人则相反，应该宽厚为本。

记人之善，忘人之过

原典

念旧而弃新功者凶。

意译

对别人的旧恶耿耿于怀，对其新立功勋却视而不见，这样的人必将遭遇凶险。

修身智慧

宽容在中华民族的传统文化中有着丰富的底蕴。古人将宽容融合到社会的各个方面，如做人、为事、为官等。当团队成员犯了错时，领导者依规章处理自然是基本原则，但领导者也必须懂得处罚的艺术，“以过弃功”是领导者的第一大忌。

当年明英宗在土木堡之变中被瓦剌俘虏，明朝廷人心惶惶。时任兵部尚书的于谦，当机立断，建议太后立郕王祁钰为皇帝，是为明景帝。后来，于谦辅佐景帝除去了宦奸王振，奋励士气，屡败瓦剌军队，赎回了明英宗。然而景泰七年，明英宗为复位而以谋逆为由杀死了于谦。于谦赴死之日，人人为之惋惜。

这便是“以过弃功”。于谦是难得的忠臣贤良，尤其是在土木堡之变后，在维持国家安定上更是居功至伟。他拥立郕王为帝实为非常时期非常之举，虽有过，但英宗以这一过错为理由将其处死，实是有失民心。史载于谦之死“天下冤之”。

晋国的陈寿曾在《三国志 · 蜀书 · 秦宓传》中写道：“记人之善，忘人之过”，意思是说：人有恩于我，不可忘；人有怨于我，不可不忘。古人告诫我们要以最真的诚意牢记善行和义举，以最大的宽容和忍耐忘却仇恨。这是一种积极的人生态度，更是一种可贵的待人之道。

东汉时有个人叫苏不韦，他的父亲苏谦曾做过司隶校尉。李皓由于和苏谦有隙，怀着个人私愤把苏谦判了死刑，当时苏不韦只有18岁。他把父亲的灵柩送回家，草草下葬，又把母亲隐匿在武都山，自己也改名换姓，用家财招募刺客，准备刺杀李皓，但事不凑巧，没有办成。很久以后，李皓升迁为大司农。

苏不韦就和人暗中在大司农官署的北墙下开始挖洞，夜里挖，白天躲藏起来。干了一个多月，终于把洞挖到了李皓的寝室下。一天，苏不韦和他的人从李皓的床底下冲出来，不巧李皓上厕所去了，于是他们杀了他的小儿子和妾，留下一封信便离去了。李皓回屋后大吃一惊，吓得在室内布置了许多荆棘，晚上也不敢安睡。苏不韦知道李皓已有准备，杀死他已不可能，就挖了李家的坟，取了李皓父亲的头拿到集市上去示众。李皓听说此事后，心如刀绞，心里又气又恨，又不敢说什么，没过多久就吐血而死。

李皓只因为一点私人恩怨，就置人于死地，而苏不韦一生之中只为报仇，竭心尽力。李皓不忍小仇，结果招致老婆孩子被杀，死了的父亲也跟着受辱，自己最终气愤而死，被天下人笑话，实在是太愚蠢了。

常言道："多个朋友多条路，少个仇人少堵墙。"人与人之间，只要矛盾还没有发展到你死我活的地步，总是可以化解的。记得中国有句老话："冤家宜解不宜结。"相识就是缘分，还是少结冤家为好。正所谓"得饶人处且饶人"，在人际交往中，最好想办法化敌为友。这样人生之路就会走得平坦许多，顺畅许多，甚至还可能会有意外的收获。

有人曾这样问孔子："你说如果有个人得罪了我，而我不但不记仇反而对他非常好，期望能感化他，怎么样？"孔子回答他："如果那个人德行很好，他对你也很好，那么滴水之恩当涌泉相报。但是倘若一个人的德行很糟糕，而且他做了对不起你的事情，你用坦荡的胸怀对待他就可以了。"由此我们可以看出孔子包容待人的处世态度。

放宽心态对待同行业的竞争

原典

同艺相窥。同巧相胜。此乃数之所得，不可与理违。

意译

从事同一技艺的，互相窥探。有同一技巧的，互相较量，以争其高低。以上这些都是自然界的变化规律，不可违背。

修身智慧

同行业之间，存在着很多的竞争，即所谓“同艺相窥，同巧相胜”。为了自身的发展，同行之间常常会跟别人进行比较，看到别人发展得顺利，而自己却失意，心中自然会不舒服、产生怨恨。为了寻找心理上的平衡，很多人会运用不正当的手段进行报复，甚至会在暗地里做一些不光彩的事情，阻碍对方的发展。虽说“同行是冤家”，但并不是说同行就必须要“打破脸，撕破皮”，互相看不上眼，老死不相往来。而是应该彼此给对方留一些发展空间，这样才能在危机到来的时候达成一致，共渡难关。

深谙商场规则的红顶商人胡雪岩曾说："大家是兄弟同行，希望有福同享。"虽然说没有竞争就没有进步，可是一旦竞争起来，就可能会为了争权夺利而不择手段，陷入恶性竞争的循环当中。胡雪岩很担心因为同行的恶性竞争而阻碍自己事业的发展，所以在他经营阜康钱庄的时候，就一再发表声明：自己的钱庄不会挤占信和钱庄的生意，而是会另辟新路，寻找新的市场。

这样一来，属于同一行业范畴的信和钱庄，不是多了一个竞争对手，而是多了一个合作伙伴。心中的顾虑消除了，信和钱庄自然很乐意支持阜康钱庄的发展。在后来的发展历程中，阜康钱庄遇到发展危机的时候，信和能够主动给予帮助，也是当初胡雪岩"不抢同行盘中餐"的正确做法的结果。

在阜康钱庄发展十分顺利的时候，胡雪岩插手了军火生意。这种生意利润很大，但是风险也大，要想吃这一碗饭，没有靠山和智慧是不行的。胡雪岩凭借王有龄的关系，很快进入了军火市场，也做成了几笔大生意。这样一来，胡雪岩在军火界的名声也就越来越响了。

一次，胡雪岩打听到了一个消息，说外商将引进一批精良的军火。消息一确定，胡雪岩马上就行动起来了，他知道这将是一笔大生意，所以赶紧找外商商议。凭借胡雪岩高明的谈判手腕，他很快与外商达成了协议，把这笔军火生意谈成了。

可是，这笔生意做成不久，外面就有传言说胡雪岩不讲道义，抢了同行的生意。胡雪岩听了后，赶紧确认。原来，在他还没有找外商谈军火一事之前，有一个同行已经抢先一步，以低于胡雪岩的价格买下了这批货，可是因为资金没有到位，还没来得及付款，就让胡雪岩以高价收购了。

弄清楚情况以后，胡雪岩赶紧找到那个同行，跟他解释说自己是因为不知道，所以才接手了这单生意的。他甚至主动提出，这批军火就算是从那个同行手中买下来的，其中的差价，胡雪岩愿意全额赔偿。那个同行感动不已，暗叹胡雪岩是个讲道义的人。

协商之后，胡雪岩做成了这单生意，同时也没有得罪那个同行，在同业中的声誉也比以前更高了。这种明智的做法让他消除了在商界发展的障碍，也成了他日后纵横商场的法宝。

可见放宽心态对待同行业的竞争，还能从中得到很多你意想不到的东西。所以，一定要冷静地面对竞争，不要因嫉妒而冲昏头脑。比如，在你的工作职位上有一个新人进入，你难免会有危机感。此时，如果你想着怎样把对方挤走，就大错特错。相反，你要努力从对方身上吸取经验，弥补自身不足，这才是最好的保全自身的办法。

同样，在商场上竞争尤为激烈，人们为了达成自己的目的，往往是万般手段皆上阵。有时候，为了挤走同行业的竞争者，甚至会出现价格大战、造谣中伤等情况。这样做，虽然受益的是顾客，但是如果因为竞争而造成了成本不足，导致产品的质量下降，直接受损失的还是顾客。每个人的身上都有着属于自己的优点，商场中也是一样的。各家的经营手段不同，其中一定有好的一面可以让大家学习，同时能够看到对方的优点，回避对方在发展中的不足，这也是有利于大家发展的一种手段。

福在积善，学会关爱别人

原典

福在积善，祸在积恶。

意译

幸福的产生，在于平日积德行善；灾祸的根源，在于多行不义。

修身智慧

“善有善报，恶有恶报。”对中国人来说是一种信仰。这种信仰的力量让我们懂得爱的力量是相互的，要获得他人的喜爱，首先就要真诚地喜欢他人。这就好比自己是一块方糖，自己是甜的，我们所感染的世界才会是甜的。一个人希望被别人喜欢、敬重，必须先学会关爱别人。要真正地去尊重别人、爱别人，激励他们展现最好的一面。不求报酬做善事终会有所回报，别人也会加倍地关心你、爱护你。这就是黄石公“福在积善”的道理。

宋真宗时，一次皇宫发生火灾，宰相王旦马上向宋真宗请罪说："臣身居宰相之职未能尽责，应该被罢免。"宋真宗为此下了罪己诏书，并没有解除王旦的职务。

后来，经查证这次火灾是荣王的宫中火灾蔓延所致，并不是天灾，为此还抓捕了一百多人，准备处以死刑。王旦独自请求宋真宗说："火灾发生后，陛下已下了罪己诏书公布天下，臣等也都上书请求问罪受罚，倘若归罪于别人，就显不出朝廷的信义了。虽然火灾已有了线索，难道就知道那不是天降的灾祸吗？"

宋真宗十分生气，说道："这场大火损失甚巨，两朝积下的财物差不多都烧光了，那些人一定要处死。"

"陛下拥有天下这样的财富，财货布帛不必忧虑，所忧虑的应该是政令上赏罚不当，陛下没有仁恕之心。如果陛下宽大为怀，世人一定会感念陛下大恩。"

王旦的努力没有白费，他终于让宋真宗改变了主意，使那些本当论罪处死的人都被赦免了。其时，寇准为王旦下属官吏，他却常常指责王旦，言行十分不敬。王旦深爱其才，并不记恨。王旦的好友劝他找个办法好好地惩罚一下寇准。王旦笑着说道："寇准若不是大才之人，自不敢无礼犯上。他的缺点虽多，却也只是针对我个人的一些小事，我为国家选人用人，岂能因私怨而无端降罪于他呢？"

一次宋真宗对王旦说："你常常称赞寇准的优点，而他却总是说你的坏话，你真的不生气吗？"

王旦诚恳地答道："臣身居宰相之位时间很长了，在处理政事上难免有疏忽和错误的地方。寇准才高眼锐，对陛下没什么隐瞒，足见他忠直的品格。何况为官者若无宽恕之心，必陷入钩心斗角之中，永无宁日，这便于国不利了，臣不想这样。”

寇准知道此事后，十分羞愧，他向王旦谢罪，王旦却不接受，只劝他为国尽力，切不要以此为意。

后来，寇准被罢免枢密使，他派人私下到王旦那里谋求使相的职位，不料王旦却一口回绝说：“国家官职，岂可私授予人？我深爱寇准其才，却也不能做这种有违国法的事。”

寇准心中不满，对手下人说：“王旦假仁假义，我险些让他骗了。”

时间不长，便有诏命任用寇准为武胜军节度使、同中书门下平章事。寇准喜不自禁，拜见宋真宗时连道：“若不是陛下施恩垂怜，臣哪里会有今日之荣呢？还是陛下了解臣啊！”

宋真宗摇头说：“非朕施恩于你，乃是王旦极力推荐，他力言你才堪大用，这或许是你万万想不到的吧？”

寇准为此悔恨难当，从此自认不如王旦，对他十分恭敬听命了。

王旦也因做事处处从大局出发，为他人着想，而赢得了众人的尊重和信服，自己身居宰相处理国务还能使众人为其效力。

处处帮人一把的同时，自己也就成功了。因为不断地施予，所以也能不断地获得。

谢安在做宰相之前曾经陪伴哥哥去打仗。他发觉哥哥非常不会做人。作为主帅，每天只知道吟诗作赋，不与将士交流，甚至还会侮辱众人，惹得将士们怨声载道，感觉事情有些危险，必须得提前预防和准备。于是他就广施钱财，多和军队里的将领们结交。后来打了败仗，军士们趁机哗变，要杀谢安和他哥哥，但是大家想到谢安平时为人甚好，于是纷纷为他求情，使他躲过了此劫。

生活中，爱不只是一个得到或者给予的问题，其实人在爱别人、尊重别人的时候，同时也得到了别人的爱和尊重；相反，“祸在积恶”。如果你总是对他人恶语相向，欺骗蔑视，那也只能收获祸事。

公元前592年，晋景公派遣大夫郤克访问齐国和鲁国，郤克在鲁国访问结束后要去访问齐国。这时鲁国也想与齐国联络，鲁宣公就派季孙行父与他同行。两国大夫中途遇见卫国的使臣孙良夫与曹国的使臣公子首，他们也去齐国，于是四人一起来到齐国都城临淄拜见了齐顷公。齐顷公一见他们四个人，差点笑出声来，只见卫国使臣老是闭一只眼睁一只眼看东西，曹国大夫脑袋瓜又光又滑像个大葫芦，鲁国大夫跛足，晋国大夫总是弯着腰。他使劲地忍住笑，办完了公事之后，告诉他们第二天在后花园摆宴招待。

第二天，齐顷公特意挑选四个人招待来访的大夫，陪他们到后花园赴宴。陪同卫国使臣的也是一只眼，陪同曹国大夫的也是秃子，陪同鲁国大夫的人也是跛足，陪同晋国大夫的也是个驼背。当萧太夫人见了这些人成双成对地走过来时，不由得哈哈大笑起来，旁边的宫女们也跟着笑。四位大夫起初瞧见那些陪同的人都有些生理缺陷，还以为是巧合呢，直到听见楼上的笑声，才明白是怎么回事。

四国使臣回到馆舍，感到受到了极大的侮辱，非常生气。当他们打听到讥笑他们的是齐国的国母后，更加怒不可遏。晋国大夫郤克说：“我们诚心诚意来访，他们却如此戏弄我们，真是岂有此理！”接着说：“他们如此欺负人，此仇不报，就算不得大丈夫！”其余三位大夫齐声说：“只要贵国领兵攻打齐国，我们一定请国君发兵，大伙都听你指挥。”四人对天起誓，一定要报今日被戏弄之仇。

两年以后，四国兵车绵延三十多里，大举伐齐，齐军被打得落花流水，齐顷公被围，仓皇逃跑之中和将军逢丑父迅速更换了服装，扮作臣下外出舀水，才保住性命。齐顷公最后只好拿着厚礼求和。

四国的使臣是肩负着国与国之间和平相处、互通友好的使命而来，可齐顷公竟然拿使臣的生理缺陷开玩笑，丝毫没有尊重对方的人格尊严，引来了仇恨与战争。

任何一种真诚而博大的爱都会在现实中得到应有的回报。当你用善良的心给别人带去关怀和温暖时，你也一定能体会到人间的真情，所以，当我们总是抱怨人间的爱太少的时候，应该反省一下自己是否付出了爱心。人与人之间的感情是相互的，你对别人好，别人也会对你好，你对别人不好的时候，谁又会将自己的爱倾注在你身上呢？拥有一颗爱人之心，爱别人也是爱自己。

信可以使守约

——诚信的智慧

讲信守义，可为“人豪”

原典

信可以使守约。

意译

诚实无妄，可以使人们信守约定。

修身智慧

黄石公对于“信”的强调十分重视，并且，他也认为“信”具有“一异”，即统一不同意见的功能。他同时认为，只有守信的人，才能被称为豪杰，才会受人尊重。可见，君子重信才能维系人心。

《管子·枢言》曾写道：“诚信者，天下之结也。”守信，是中华民族的传统美德。千百年来，这一美德伴随着一代代的中国人走过沧海桑田，经历雪霜磨砺，最终沉淀为民族的精髓。离开了“信”，人就无法立足于世。同时，“信”也是社会得以正常发展的根基，如冯友兰先生所言：“一个社会之能成立，全靠其中的分子的互助。各分子要互助，须先能互信。”冯友兰曾说：“从个人成功的观点看，有信亦是个人成功的一个必要条件。一个人说话，向来当话，向来不欺人，他说要赴一约会，到时一定到。他说要还一笔账，到时一定还。如果如此，社会上的人一定都愿意同他来往、共事。这就是他做事成功的一个必要的条件。”显然，在冯友兰先生看来，信是无形的财富，是巨大的资本。一个人坚持走正直诚信的道路，必定能实现良好的愿景。

自古至今，父母在教育儿女的时候，都非常注重对子女进行诚信方面的教育。大家都熟知的曾子教育儿子的故事就是一个很好的例子。

曾子是孔子的学生。有一次，曾子的妻子准备去赶集，由于孩子哭闹不已，曾子的妻子许诺孩子回来后杀猪给他吃。曾子的妻子从集市上回来后，曾子便捉猪来杀，妻子阻止说：“我不过是跟孩子闹着玩的。”曾子说：“和孩子是不可说着玩的。小孩子不懂事，凡事跟着父母学，听父母的教导。现在你哄骗他，就是教孩子骗人啊。”于是曾子把猪杀了。曾子深深懂得，诚实守信、说话算话是做人的基本准则，若失言不杀猪，那么家中的猪是保住了，却在一个纯洁的心灵上留下不可磨灭的阴影。

有关诚信的故事，除了曾子教子，我国古代历史上还有很多鲜活的例子。皇甫绩守信求责的故事堪称其中的代表。

皇甫绩是隋朝一位很有名的大臣。他3岁的时候父亲就去世了，母亲一个人难以维持家里的生活，就把他带到外婆家居住。外公见皇甫绩聪明伶俐，又没了父亲，挺可怜的，因此格外疼爱他。

皇甫绩的外公叫韦孝宽，韦家在当地是有名的大户人家，家里很富裕。由于家里上学的孩子多，外公就请了个教书先生在自家给孩子们授课，也就是办了个私塾。这样一来，皇甫绩和表兄弟们都在自家的学堂上学。外公虽然心地善良，但也是个管教严厉的老人，尤其是对他的孙辈们。私塾开学的时候，外公就立下规矩，谁要是无故不完成作业，就按照家法重打二十大板。

有一天，上午上完课后，皇甫绩和他的几个表兄躲在一个已经废弃的小屋子里下棋。一贪玩，不知不觉就到了下午上课的时间。大家都忘记做老师上午留的作业。第二天，这件事被外公知道了，他把几个孙子叫到书房里，狠狠地训斥了一顿，然后按照规矩，每人重打了二十大板。

外公看皇甫绩年龄最小，平时又很乖巧，再加上没有了父亲，就不忍心打他。于是，就把他叫到一边，慈祥地对他说："你还小，这次我就不罚你了。但是以后不能再犯这样的错误。不做功课，不学好本领，将来怎么能成大事？"

皇甫绩平时和表兄们相处得很好，小哥哥们都很爱护他。看到小皇甫绩没有被罚，心里都很高兴。可是，小皇甫绩心里很难过，他想：我和哥哥们犯了一样的错误，耽误了功课。外公没有责罚我，这是心疼我。可是我不能放纵自己，应该按照先前所定的规矩，重打二十大板。于是，皇甫绩就找到表兄们，求他们代外公责打自己二十大板。表兄们一听，都扑哧一声笑了出来。皇甫绩一本正经地说："这是私塾里的规矩，我们都向外公保证过触犯规矩甘愿受罚，不然的话就不遵守诺言。你们都按规矩受罚了，我也不能例外。"表兄们都被皇甫绩这种信守学堂规矩、诚心改过的精神感动了，于是，拿出戒尺打了皇甫绩二十大板。

后来，皇甫绩在朝廷里做了大官，但是这种从小养成的信守诺言、勇于承认错误的品德一直没有丢，这使得他在文武百官中也享有很高的声望。

讲信用，守信义，历来是中华民族的传统美德。中国人历来对这一品质都推崇备至，所以黄石公才将“信可以使守约”作为“人豪”的标准。

诚信是一个人立身处世的根本，他体现了对人的尊敬。在与人交往的过程中，如果你想让对方信服，最好的办法是以诚信打动他，而不是以武力征服他。因为靠武力征服的东西，都是暂时的，而靠诚信感动人则是永恒的。

以诚育物，赤诚待人

原典

乐莫乐于好善，神莫神于至诚。

意译

乐善好施，这是最快乐的态度；至诚至性，这是最神圣的态度。

修身智慧

“神莫神于至诚”，真诚乃最明智的处世之道。因为情感是人们沟通、交流的桥梁。饱含真情的语言则是唤起情感的一种最具感召力的武器。运用真情流露的言语策略，可以顺利地使双方产生情感共鸣，关系融洽，形成良好的交际氛围，可以有力地推动人们将某种行为动机付诸实施，并做出积极的反应。

人贵以真，更贵以诚。如果把真诚的思想和感情直接表达和抒发出来，接受的一方通常也会动以真心，施以诚意。开诚布公法就是利用人们这种宝贵的“真诚”来发挥作用的。这就是说话的方中带圆，圆中有方。

只有实实在在、诚心诚意对待他人，才能获取他人真心实意的帮助与支持，才能达成预期的目标。真实、笃诚和真情是说实话时必须注意的三要素，以真实、笃诚为铺垫、为基础，以真情动人，以真情感人，才能达到打动人心的目的。

南怀瑾先生也曾经说过这样一句话："诚能通神，诚能感物。宋、明诸大儒，多终生究此一字。子思著《中庸》更以'诚'与天地参。"南先生此言不假。如三国诸葛亮，为服孟获，对其七擒七纵，以至诚打动孟获；又如三国东吴的孙策，他用人时，讲究"赤诚待人"，他对太史慈就是一例。

汉献帝建安三年(公元198年)，孙策发兵袭击太史慈，太史慈兵败，被孙策俘虏。孙策知道太史慈是贤能之人，因此并未计较三年前双方在神亭一仗自己被他打败的耻辱，而是亲自为太史慈解去绳缚，执手慰问，并坦诚地表达自己的求贤心情："今日幸得君，愿与足下共图大事。久闻卿有烈义，为解孔融之危，冒死求救于刘备，深为敬佩。卿诚为天下志士也。但投靠未得其人，我愿做足下知己，请不要担心在我处不如意。"

孙策以诚相待太史慈，倾吐肺腑之言，然后任命他为帐下都督，在收兵班师时，又让太史慈充当先导。这样一番感情攻势之后，太史慈终于被孙策的诚心打动，答应在孙策帐下效力。

当时，刺史刘繇病死豫章，所部处于群龙无首的状态。这对孙策来说是一个绝好时机，若能争取到这些人马，那自己的实力将会迅速增强。那么究竟该让谁去完成这项任务呢？由于刘繇生前与太史慈是好友，因此孙策决定派太史慈前去。太史慈见孙策如此信任自己，决心不辜负其所托，前去豫章招安，并说："慈有不赦之罪，将军量同桓、文(指齐桓公、晋文公)，当尽死心报德。今并息兵，兵不宜多，将数十人足矣。"同时约定两月之内一定回来，之后整理行装，打点人马而去。

孙策在任用人才上可谓相当有远见卓识，常人都料定太史慈此去肯定不会回来，结果只能是自己又多了一个敌人。而孙策力排众议，他首先了解太史慈的为人，认定他是"义虽气勇有胆烈，然非纵横之人"，是内心"秉道义，重言诺"之人；其次，他知道以自己的情感攻势作用于这样的人，必能以诚换诚，得到太史慈的忠心。

果然不出孙策所料，太史慈按期返回，不辱使命，安抚了刘繇的部下，充实了孙策的军力。孙策也因此更加重用太史慈，视其为自己的左膀右臂，与之共谋大业。

孙策的行动正应了《中庸》所说的"唯天下至诚为能化。"以诚育物，则万物兴盛；以之取人，则人人尽其精诚、倾其智力来辅佐。与别人交往时以心换心，才有可能打动人。

恪守原则，坚持以信为本

原典

义者，人之所宜，赏善罚恶，以立功立事。

意译

义，即人所遵循的与事理相适宜的原则。义要求人奖赏善行、惩罚恶行，以此建功立业。

修身智慧

提到“义”，人们想到的更多是“锄强扶弱”、“侠之大者，为国为民”。其实，并不是只有为“侠”者才有“义”。《素书》说：“义者，人之所宜，赏善罚恶，以立功立事。”可见，“义”是“恪守原则”，是坚持正确的事，无论外界评价如何，都能勇敢地实践。有时在一件小事上坚持原则同样有意义，如许衡再渴也不食无主之梨，正如他自己所言，梨虽无主，但人心有主。这人心之主便是“义”的约束，对原则的坚持。一个没有原则的人，和无赖无异。人只有时时检讨自己的行为，给自己锻造身心的曲规，才能在不断完善自我的过程中得到对自己有价值的东西，从而提高自我。

当年赵概与欧阳修同在馆阁任职。因赵概性情敦厚持重，沉默寡言，故欧阳修看不起他。后来欧阳修的外甥女与人淫乱，忌恨欧阳修的人借题发挥，以此事来诬蔑他。皇帝震怒，没人敢为欧阳修辩护，只有赵概为欧阳修上书，说："欧阳修因文才出众才成为皇上的近臣，皇上不能随便听信谗言，轻易诬蔑他。"有人问赵概："你不是与欧阳修有嫌隙吗？"赵概说："以私废公，我不能做这种事。"可惜最终皇帝并没有听赵概的话，欧阳修仍旧被贬官滁州。

不能以私废公，是赵概的处世之道。这一原则不因身份地位、利益关系改变。赵概后来执掌苏州，接着又辞官守丧，守丧期满后，被授职翰林学士。他再次上书，要求先为欧阳修恢复官职。虽然他的请求依然没有被朝廷采纳，但当时的人们都非常赞赏他。他的人格魅力也换来了欧阳修的尊重。欧阳修从此以后对赵概佩服有加，与其结成莫逆之交。

恪守原则是诚信的基本要求，是人格魅力的重要组成因素。无论是生活还是工作，在关键时候是否坚持原则，常常是判断某人道德水准的重要依据。只有那些肯于坚持原则的人，才能赢得他人的信任和支持，否则朋友不愿与他共处，同侪不愿与他共事。师长如果没有原则，是非不明，则令学生无所依循；父母如果没有原则，赏罚不分，则令儿女无以学习；居上位的人，如果没有原则，朝令夕改，则下属无所适从。

对于我们来说，不管做人处世还是为政，"信"都是关键所在。一个人失去了信用，就失去了做人的基础，长此以往，别人对其只会敬而远之。

相反，有些人自以为聪明，不讲原则，专门使用狡诈欺蒙的手段来达到目的。其实，这种伎俩是行不通的，或早或迟，总有骗局被揭穿、真相大白的一天，到时候骗人者轻则声名狼藉、众叛亲离；重则无法在社会立足，并受到法律的制裁，正如《红楼梦》中所说的“机关算尽太聪明，反误了卿卿性命”。

唐朝元和年间，东都留守名叫吕元应。他酷爱下棋，养有一批下棋的食客。吕元应与食客下棋，谁如果赢了他一盘，出入可配备车马；如果赢两盘，可携儿带女来门下投宿就食。

有一日，吕元应在庭院的石桌旁与食客下棋。激战犹酣之际，卫士送来一叠公文，要吕留守立即处理。吕元应便拿起笔准备批复。下棋的食客见他低头批文，认为不会注意棋局，迅速地偷换了一子。哪知，食客的这个小动作，吕元应看得一清二楚。他批复完文件后，不动声色地继续与食客下棋，食客最后胜了这盘棋。食客回到住房后，心里一阵欢喜，企望着吕留守提高自己的待遇。

第二天，吕元应携来许多礼品，请这位食客另投门第。其他食客不明其中缘由，很是诧异。十几年之后，吕留守处于弥留之际，他把儿子、侄子叫到身边，谈起那次下棋的事，说：“他偷换了一个棋子，我倒不介意，但由此可见他心迹卑下，不可深交。你们一定要记住这些，交朋友要慎重。”

棋品即人品，我们在日常生活中一些不守信用的行为，看似小事，却会为我们的品格印上很大的污点，成为阻碍我们人生发展的隐患。

在黄石公看来，精诚是最神奇的处世之道。《易经》上也说：“诚可通天。”诚信是一个人的立身之本。一个人没有信用，就没有人相信，不被人相信的人，就不能在社会上立足，干不出什么大事情。

韩非子说："巧诈不如拙诚。"巧诈的行为虽然可能图得暂时的利益，可是一旦被人识破，换来的就是别人怀疑的眼光。以近乎愚笨的方式来坚持原则，一时间或许他人无法感受到你的诚意，但经过长久的相处，必能获得他人的信赖。

失去信义就会失去人心

原典

信足以一异，义足以得众。

意译

诚实守信可以令异议统一，行事正直公正可以得到众人的拥戴。

修身智慧

孟子说："得天下有道：得其民，斯得天下矣。得其民有道：得其心，斯得民矣。"得天下的前提是得民心。其实，"得民心"的方法有很多，但唯有"信""义"才可令人心悦诚服。故而《素书》强调了驭人之术中的几项重要因素：“信足以一异，义足以得众……信可以使守约，廉可以使分财。”

《论语·子张》中有言：“君子信，则后劳其民；未信，则以为厉己也。”君子要先得到百姓的信任，然后再去役使他们，否则他们会以为你是有意虐待他们。当年商鞅正是以“城门立木”赢得了民众信赖，此后秦国的改革才得以顺利进行。“诚信者，天下之结也”，信守承诺的人，会赢得众人的信赖。因此古之能成大事大业者，大多以信布于天下。如果把说出的话当儿戏，说了不做，言出不行，则会失去他人对自己的信任，个人形象也会大打折扣。因此，周公旦才会在周成王“桐叶封弟”时说：“人主无过举，不当有戏言，言之必行之。”意思是说：君王的言行举止不应有过失，不应有开玩笑的话，说过的话一定要做到。而周成王也因这番话，直到他死去那一天都“不敢有戏言，言必行之”。

“信”是得人心的第一环，于此基础上再能做到“义”，就可大得人心，得人支持和拥护。这里的“义”是“正直”。正直的人没有虚假的忠诚。他们无所畏惧也无所隐瞒。正直凝聚着个人全部的人格力量，助长人的内在自足精神。

坚持维护正直原则才能让自己的事业在良性轨道上有条不紊地发展。为此，想要获得众人拥戴，就要做好以下几点：

一是不信谗言。孔子曰：“浸润之谮，肤受之愬，不行焉，可谓明也已矣。”即不要因暗中传播的谗言，切身受到的诽谤而影响自己的生活，也不要盲目传播未经证实的传言。

二是严于责己。多责备自己而少责备别人。自己勇于承担责任，就会增加言语活动的空间，加大话语的影响力。

三是真诚相见。要使别人信任自己，自己首先要信任别人。要待人以诚，与人为善。如果花言巧语，伪装和善，就无法取信于人。

四是重调查，不盲从。未经调查，人云亦云，正义和正直就不存在。

五是不喜奉迎。拍马奉迎并不是真正的忠诚。只有用勤奋工作和出色业绩来支持领导工作的人，才能加以赞赏。主动拒绝谄媚之人，自然便会将正直的人才吸引到身边。

六是爱憎分明。坚持原则，明辨是非，赏罚分明，这是正直无私的表现，也是树立领导威信的基础。

信可以一异，义可以得众。有了信义为依托，人便越来越可靠，就会赢得他人的信任，其影响力也会越来越大；如果失去了信义，就会渐失人心，其影响力自然也会减弱。

坚守岗位，敬业就是诚信

原典

守职而不废，处义而不回。

意译

坚守职责而不废弛，恪守道义而不改初衷。

修身智慧

什么是杰出人才？黄石公说，杰出的人才能够做到“守职而不废”，即无论职务大小、岗位高低，都能做到忠于职守，尽职尽责，认真负责，一丝不苟，善始善终。黄石公的守职不废亦是中国历代圣贤所提倡的工作态度，如果用孔子的话说，就是要用“尽善尽美”的态度来工作。

尽善尽美一词源于《论语·八佾》：“子谓韶，尽美矣，又尽善也。谓武，尽美矣，未尽善也。”

孔子不仅擅长思想教育，同时还精通音律。他曾经听春秋时的著名乐师师襄弹古琴，根据音律就说出那是歌颂文王的乐曲，后来师襄告诉他那确实就是《文王操》。《论语》也记载了孔子在听了韶乐以后“三月不知肉味”。韶乐是周文王的音乐，而孔子最敬佩文王的人格与品性，他认为文王的品行所打造出来的韶乐达到了尽善尽美的境界。

尽善尽美体现在工作中就是敬业，并为此付出全身心的努力。毫不保留，有多少力出多少力，这就是诚信的表现。“追求尽善尽美”很值得我们每个人作为格言，如果每个人都能用这句格言来要求自己，那么无论做什么事情，都会更加趋向完美。同时，这也是职业对我们每个人的诉求，你不敬业，职业也不会回馈于你。

不论你的工作报酬是高是低，都应该保持这种良好的工作作风。每个人都应该把自己看成是一名杰出的艺术家，而不是一个平庸的工匠，应该带着热情和信心去工作，在工作中享受由专注、创造所带来的深深的喜悦。虽然人类永远不能做到完美无缺，但是在我们不断增强自己的力量、不断提升自己的时候，我们对自己要求的标准也会越来越高，我们也会因此离完美越来越近。做人要尽善，做事当然也应竭尽所能，只有这样才能接近尽善尽美。

其实，做事也就是在做人。对工作抱着尽善尽美的标准其实也是为了你长久的职业生涯。一个人能做到让自己尽善，让工作尽美，便可以称得上是一个非常了不起的人了。

也许你不能选择工作，但是你绝对可以选择让自己“敬业”或者“随便”。敬业，是做什么就像什么，是一种工作态度，是一种责任，更是人生命中的一种道德追求，也就是《素书》所提倡的“守职不废”。全身心地投入工作，将平凡事做到极致可以使你在人群中脱颖而出。

当你在为公司工作时，无论老板把你安排在哪个位置上，都不要轻视自己的工作，都要担负起工作的责任来。那些在工作中推三阻四，寻找各种借口为自己开脱的人，即使工作一辈子也不会有出色的业绩。他们不知道用敬业的态度来担负起自己的责任，他们不知道自身的能力只有通过兢兢业业的工作才能得以完美展现。

小芳是一家公司新来的秘书，她每天的工作就是整理、撰写、打印各类文件材料。在很多人看来，小芳的工作显得单调而乏味。但小芳并不这么认为，她觉得自己的工作很有意思，她说："检验工作的唯一标准是你做得好不好，是否已经尽职尽责，而不是别的。"

小芳每天做着这些琐碎的工作，时间一长，细心的她发现公司的文件存在很多的问题，甚至公司在经营运作上也有不可忽视的问题。于是，每天她除了完成本职的工作外，还认真搜集一些资料，包括那些过期的材料。她把搜集到的资料整理分类，还查询了很多经营方面的书籍并进行认真分析，写出建议。后来，她把做好的分析结果、建议及有关资料一并交给老板。老板起初也没在意。一次偶然的机会，他才读到小芳的那份建议。这一看让老板大吃一惊：这个年轻的新秘书，居然有这样缜密的头脑，而且分析得细致入微，有理有据。老板决定采纳小芳所提的多条建议。从此，老板开始对小芳另眼相看，并逐渐委以重任。

一个人在追求成功的过程中，不可避免地会遇到各种各样的困难。要战胜困难，就必须要有敬业精神。敬业精神是强者之所以成为强者的一个重要方面，也是由弱者到强者应该具备的职业素质。如果你在工作上敬业，并且把敬业变成一种习惯，你会一辈子从中受益。

敬业不仅仅是一个概念，更是一种实际行动。当把敬业变成一种职业习惯时就会发现，我们不但可以从中学到许多知识，积累许多经验，还能从全心全意、尽职尽责投入工作的过程中得到快乐。

言出必行，就是领导之信

原典

上无常操，下多疑心。

意译

领导言行不一，反复无常，则属下必心生疑虑。

修身智慧

马基雅唯利说："一个君主如果被人认为变幻无常、轻率浅薄就会受到轻视。"换作黄石公的话说，就是："上无常操，下多疑心。"为官之道以沉稳为先，决策政令不可冲动，而一旦作出决定就必须言出必行，稳定自己的立场。

唐初，大理寺是全国的最高法院，审判来自各地的犯法案件。大理寺不仅有审批权，而且还有否决权，有权驳回审判不当的案件。它的职责是重大的，唐太宗从慎刑的原则出发，确立了“大理之职，人命所悬，当须妙选”的标准。

贞观元年，唐太宗任命戴胄为大理寺少卿。当时朝廷急需人才，个别士人为了求个官职，不免弄虚作假，谎称“高学历”。后来有一人的身份被识破，唐太宗于是下了一道“令其自首，不首者罪至于死”的圣旨。但还是有人顶风作案。应选的柳雄隐瞒了伪造的资历，事后被查获，按照皇上旨意要处死柳雄，但是“明习律令”的戴胄据法断为流放。

唐太宗质问戴胄说：“朕已下过不自首则处死刑的敕令，你戴胄不是不知道，为什么断为流放，是想让天下人知道我言而无信吗？”戴胄反驳说：陛下有至高无上的大权，但既然此案已经交付法司审理，我们就要忠于法律，“臣不敢亏法”。当时《唐律》尚未颁布，依据《武德律》的诈伪律条文来量刑，只能判处徒刑，流放已经是看在“严打”的面子上重判了，断不到判处死刑的地步。“不首者罪至于死”，显然是唐太宗盛怒之下的旨意，不符成文法的规定。戴胄说君主要立信，国法也要立信，而且国法比圣旨的立信更重要，是“立大信”，于是他谈了立法与立信的关系。国家立法的目的在于司法，这样才能取信于天下，君主切不可以一时的感情冲动之言，取代国法；否则就失“大信”。

余怒未消的唐太宗还想拿“取信于民”说事，但是听到戴胄一番“小信”与“大信”的言论，也很快意识到自己是一时冲动。虽然已经亮出了君命一言九鼎的底牌，但是他还是收回成命，以法断流。

对领导者来说，最大的威胁莫过于自己权力和威信的动摇。这件事情发生在唐太宗上任之初，他还在树立威信的时候。戴胄坚持和他唱对台戏，一般人是不能容忍的。但是唐太宗接受了正确的建议，这样不仅没有抹杀他的威信，反而让其他人看到了他诚心纳谏的行动，鼓励了更多人提出有价值的看法。

领导者的朝令夕改、出尔反尔是最大的不守信。此外，领导者若是三令五申，也属于无信，而且还会暴露其无能，因此领导者要慎重于“言”。只有慎“言”、贵“言”才能树立起自身的权威，以高尚的人格魅力彰显领袖风范。

第四章

高行微言，所以修身

——律己的智慧

控制自己，修剪心性之苗

原典

迷而不知返者惑。

意译

陷入迷途而不知返者，必然昏乱、迷惑。

修身智慧

关于“迷而不知返者惑”，宋代张商英有另一种解读角度。他认为，此句意在劝诫人们莫玩物丧志。沉迷于自身喜好的人终将一事无成。的确，人生于天地之间，要想成就一番大事业，就必须不断战胜人自身所具有的各种劣根性，克服各种不良嗜好，严格自制。只有时时修剪心性之苗，对其进行约束，才能健康成长。

自制是成功者的共同特征，但太多的人不能克制自己，不能把自己的精力全部投入到他们的工作中，完成自己伟大的使命，这便可以说明成功者和失败者之间的区别。

秦朝末年。陈胜、吴广在大泽乡揭竿起义以后，各地的英雄豪杰纷纷响应，没多久，反秦的风暴就席卷了大半个中国。公元前206年，刘邦率领着一帮人马最先开进了秦王朝的首都咸阳。都城中恢宏壮丽的建筑群，奢华无比的陈设，数以千计的美丽宫女，让刘邦喜得头晕目眩，忘乎所以。刘邦正浮想联翩之时，他的部将樊哙闯了进来。一见刘邦那神不守舍的样儿，便直着嗓子喊了起来："沛公。""什么事？"刘邦头也不回，心不在焉地问道。樊哙说："你是要打天下还是只想当个富家翁？""我当然想打天下。"刘邦口中说着，眼睛却没有离开婀娜娇羞的宫女。樊哙说："臣下跟着沛公进了秦皇宫，您留意的不是珠玉珍宝，就是美娇娃，而这正是秦朝皇帝丢失天下的原因。沛公如此，就是重蹈亡秦的覆辙！恳请沛公立即出宫，到郊外驻扎。"

刘邦很不高兴地说："我们从关东打到关中，太累了。我只想在这儿歇几天，你就把我比作亡国的秦朝皇帝，真是胡说八道！"樊哙又急又气，找来张良。张良对刘邦说："沛公，您想过没有，您是怎样得以进入这座宫殿的？"刘邦说："是举义旗，兴义兵，一路攻杀换来的。"张良说："这正是秦王朝君臣荒淫无度、声色犬马，触怒了天下的老百姓，才使您得到举义旗，兴义兵的机会啊。秦朝皇帝因为骄奢失去了民心，沛公想取秦而代之，就要反其道而行，以节俭有度来争取民心。现在，我们的人马刚刚进入秦朝首都，沛公就带头享乐，老百姓会怎么看？他们会认为我们与秦朝君臣是一丘之貉，就会转而憎恨我们、反对我们。失去民心，您就失了天下啊！"刘邦听了悚然动容。

人们难免会产生放纵自己的思想，而控制自己则需要下一番工大。学会控制住自己的各种欲望，才能不被欲望所控制，才能有一颗理智清醒的头脑。李嘉诚说："自制是修身立志成大事者必须具备的能力和条件，希望每个人都能做到自制！"而那些沉溺在自己的欲望当中不能自拔的人，必然会颓废不振，空耗一生。

遵守礼仪，不学礼无以立

原典

礼者，人之所履，夙兴夜寐，以成人伦之序。

意译

礼，即人所遵循的社会规范。在礼制的规范下，每个人都克勤克俭，按照各自的社会角色行事，形成和谐的社会秩序。

修身智慧

《论语·季氏》有曰："不学礼，无以立。"一个人如果不懂得礼仪，就无法立身处世，所以黄石公说："礼者，人之所履，夙兴夜寐，以成人伦之序。"也就是说，人们必须遵守礼仪规范行事，社会才能有序。

杨时是北宋才子，自小聪颖异于常人。长大后，他拜程颢、程颐为师，精研理学。一天，杨时与同学游酢去见程颐。当他来到程颐住处时，只见老师正闭目而坐。杨时与游酢就侍立在门外没有离开，等到程颐察觉时，门外的雪已经下得有一尺多深了，杨时和游酢的身上已经落满了雪花。

“程门立雪”的故事一直为后世所颂扬。当时，并没有人要求学生以这种方式来表达其尊师重道之情，杨时他们只是遵从心里对老师的敬意而行了这样的礼。同样，刘备的“三顾茅庐”正是他在面对胸藏天地的诸葛亮时所流露的尊贤与求才之心，对他们来说，自己的所为只是尽心而已。可以说，守礼是成本最低的投资，却能换回最大的人情回报。

孟子曰：“仁者爱人，有礼者敬人。爱人者，人恒爱之；敬人者，人恒敬之。”唐代贤相张九龄也称：“人之所以为贵，以其有信有礼。”可见自古以来，我国的先贤都非常注重礼仪，认为只有懂得礼仪的人，才能受人尊敬，才能游刃有余存活于世。

春秋时期，孔子和他的学生们周游列国，宣传他们的政治主张。

一天，他们驾车去晋国。一个孩子在路当中堆碎石瓦片玩，挡住了他们的去路。子路大声叱喝这个孩子，可孩子佯装没听见。子路没有办法，便将此事告诉车内的孔子。

孔子走下马车，对这个孩子说：“你不该在路当中玩，挡住了我们的马车。”孩子指着地上说：“老人家，您看这是什么？”孔子一看，是用碎石瓦片摆的一座城。孩子又说：“您说，应该是城给马让路还是马给城让路呢？”孔子被问住了。

孔子觉得这孩子很懂得礼貌，便问："你叫什么？几岁啦？"孩子说："我叫项橐，7岁！"孔子对学生们说："项橐7岁懂礼，他可以做我的老师啊！"

项橐垂髫之年，便知"马让城"的道理，告诉孔子凡事应有"先来后到"，即便对他这个孩子，也应讲究礼仪，而不能以大欺小。孔子对项橐的知礼大为推崇，后来甚至拜其为师，成就一段千古奇话。

礼仪能让一个人显得高尚而有涵养，对于身处社会各个阶层的人来说，皆非常有用。孔子认为对于一般人来说，"不学礼，无以立"，而对统治者来说，"上好礼，则民莫敢不敬"。

晏子是战国时期齐国的卿。有一回，晏子和一些大臣一起陪齐景公饮酒。齐景公最爱喝酒，他一喝酒便忘乎所以，甚至喝得酩酊大醉，几天不醒。这时，正喝在兴头上，景公便说："寡人今天愿与各位爱卿开怀畅饮，请不必拘泥于礼节。"

晏子一听很是忧虑，便严肃地对景公说："君王这话不对。臣子们本来就不希望君王讲礼法。本来力气大的人可以称为兄长，胆量大的人可以杀掉他的官长和国君，只因为畏惧礼法才不敢这么做。如果臣下都随心所欲，只凭力气和胆量行事，就会天天换君主，那您将在哪里立足呢？人之所以比其他动物高贵，就是因为人能用礼法来约束自己，所以不能不讲礼节。"

景公觉得很扫兴，便不理晏子。过了一会儿，景公有事出去，除了晏子安坐不动之外，其他大臣都站起身来相送。等景公办完事回来时，晏子也不起身相迎。景公招呼大家一齐举杯，晏子却不管三七二十一，先把酒喝了。

景公见晏子这样不拘礼法，气得脸色铁青，瞪着晏子说："你刚才还大讲特讲礼法是如何重要，而你自己却一点都不讲礼法。"

晏子连忙离开席位，叩头谢罪，说："臣不敢无礼，请大王息怒。我只不过是想把不讲礼节的实际状况做给大王看看。大王如果不要礼节，就是这个样子。"

景公恍然大悟，说："这的确是寡人的过错。请先生入席，我愿意听从您的教诲。"

晏子通过不守礼法的行为，告诉齐景公礼仪对于一个国家的重要性。正是因为礼法的存在，人们才能摆脱野蛮的生活状态，在礼法的约束下和平共处，共建繁荣。

孔子说："非礼勿视，非礼勿听，非礼勿言，非礼勿动。"如果一个人不懂礼，必会给社会带来不协调的后果，行走于世也会处处碰壁，寸步难行。反观之，倘若人人都讲礼貌，便会像孟子所说的那样：敬人者人恒敬之。你给予他人足够的尊敬，他人也会始终尊敬你，行走于天下之间就会很少遇到人际摩擦，诸多干戈也能化为玉帛，社会因此更加祥和。足见"礼"之于人的重要性，绝不可掉以轻心。

终生学习，学不可以已

原典

博学切问，所以广知。

意译

广泛学习，切磋学问，可以扩大自己的知识面。

修身智慧

黄石公所强调的“博学切问，所以广知”同样不失为一条成功规则。因为天道酬勤，命运掌握在那些勤勤恳恳地工作的人手中。自我栽培所需的正是勤劳的双手和大脑。没有学习做基础，天才的灵感也会有枯竭的一天。

北宋时期，有一个名叫方仲永的人家里世代都是农民，没有一个文化人。他5岁时，还从未见过笔墨纸砚。可是有一天，方仲永突然哭着向家里人要笔墨纸砚，说想写诗。他父亲感到十分惊讶，马上从邻居那里借来笔墨纸砚，方仲永当即写了四句诗，同乡的几个读书人知道了这件事，都跑到方仲永家来看，一致认为他的诗内容深刻雅致，文采绚丽多姿。人们纷纷称赞他是一个不可多得的天才。

这件事在乡里流传开后，方仲永家热闹起来，经常有人来家玩，有的当场出题要他作诗，甚至还出钱让他题诗。方仲永的父亲见有利可图，于是放弃了让方仲永上学读书的念头，而是每天带着方仲永轮流拜访县里的那些名流、富人，找机会表现方仲永的作诗天赋，以博得那些人的夸赞和奖励。

由于方仲永没有机会学习，久而久之，他的才华就逐渐地消失了。到他20岁的时候，他已经和普通人没什么两样了。

方仲永的悲剧就在于他停止了学习。人的一生都离不开学习，培养良好的学习习惯也显得越来越重要。因为只有善于学习的人才能不断前进，才越来越有力量。学习这件事不在于有没有人教你，最重要的在于你自己有没有觉悟和恒心。

面对信息爆炸的时代，学习更成为现代人生存和发展的必然方式和最佳方式。只有学习才能让我们掌握更多更好的生存技能。

《荀子·劝学》开篇明义："学不可以已。"我们赖以生存的知识、技能和车子、房子一样，会随着岁月的流逝不断折旧，因此我们必须不断提升自己的价值，增强自己的竞争优势，学习新知识，并在工作当中学到新的技能，否则将无法保持现有的优势，更别提发展了。

林语堂先生曾经说过："若非一鸣惊天下的英才，都得靠窗前灯下数十年的玩摩思索，然后可以著述。"每个人并非天生就是奇才，一个人所知道的东西比起整个宇宙来，实在是少得可怜，这一切只有通过学习来弥补。

对每个人来说，学习没有时间上的限制。学海无涯，这是一个恰当不过的说法，所以要做到"广知"，就须"博学切问”，意即博学多问的人，才能够扩展自己的知识面。

当年国学大师胡适曾经说：“做学问应该像北京大学的季羡林那样。”季老总是马不停蹄地在学问的路上奔走，从不肯让自己有半刻停歇下来。对季老来说，学习没有时间、地点和年龄的限制，他从年幼之时进入学堂，到耄耋之岁仍然笔耕不辍，学习是每天都要做的一件事，就像吃饭睡觉一样平常，又不可缺少。季老一直推崇终身学习制，就像他在一篇文章中说的那样，他想做的是一个“永恒的大学生”。

“我的大学生活是比较漫长的：在中国念了四年，在德国哥廷根大学又念了五年才获得学位。在哥廷根大学，我简直如鱼得水，到现在已经坚持学习了将近六十年。如果马克思不急于召唤我的话，我还要继续学下去。”

季老不会因为不在学校，没有老师在身边，或者因为自己已是一位八九十岁的老者，就觉得自己已经才高八斗，学识渊博。相反，随着年龄的增长，他自觉不惑越多，感叹“老马不识途”，迫切地希望自己获得更多知识，给自己注入新的血液，学习的积极性也就越发强了起来。

在学习中不断更新自己的知识，在生命的延展中不断焕发希望和蓬勃之气。这就是季老虽已年老，依然精神百倍的原因之一。虽之耄耋，学亦不止。这不仅是种行为，更是种斗志和顽强的生命力。

孔子说：“吾十有五而志于学，三十而立，四十而不惑，五十而知天命，六十而耳顺，七十而从心所欲，不逾矩。”孔子的一生就是学习的一生，他从十五岁立志学习，一直到去世都在孜孜以求。为了求学，孔子常常连腹中饥饿都感觉不到。一旦学问上有所获益，孔子又会快乐得不能自已，甚至忘记忧愁，也忘记了老之将至。孔子的为学精神是永远年轻的，所以才能“苟日新，日日新，又日新”。只有终生不倦地学习，才能时时保持进步的状态，随时达到新的境界。

知者不言，言者不知

原典

以言取怨者祸。

意译

因言语招致埋怨，必然产生祸患。

修身智慧

在《素书》传达的处世哲学中，表达了沉默是金的理念。黄石公说：“以言取怨者祸。”的确，自古以来以言取祸者并不在少数。在不合说之处若强说，必然会招惹麻烦。因此，由这句话所传达的思想我们应该懂得，沉默有时是一种宁静的处世哲学。

现实生活中，不善言谈的人，容易给人以厚道的印象。不善言谈的人，使人无法捕捉他内心世界的秘密，这就是沉默的力量。沉默可以显示一个人的深邃，一个人的修养，一个人的学识。话不在多，关键是分量。

南唐广陵人徐铉以学识渊博和通达古今闻名于北宋朝廷。有一次，江南派徐铉来纳贡，照例要由宋廷派官员去作陪伴使。宰相赵普不知究竟选谁为好，就去向宋太祖请示。太祖想了想，令殿前司写出十个不识字的殿中侍者的名字，太祖御笔一挥，随便圈了其中一个名字说："这个人就可以。"这使在场的所有官员都大吃一惊。赵普也不敢再去请示，就催促那侍者马上动身。那位侍者得不到任何明确指示，只好莫名其妙地前去执行命令。

一见面，徐铉就滔滔不绝，口若悬河，所有人都叹服他的能言善辩。那位侍者大字不识，当然无言以对，只好频频点头称是。徐铉不知他深浅，更加搜肠刮肚喋喋不休地想和他辩论。但是在一起住了好几天，那个侍者无一言相对。徐铉口干舌燥，疲惫不堪，只好闭嘴不说了。

实际上，当时宋廷有陶毅和窦仪等博览群书的大儒，说起论辩之才，未必就输给徐铉。但宋太祖作为大国之君，接待小国使臣，没有派他们去争口舌之长短。因为两强相争，谁也不会服谁，反而有失大国体面。

可见，在生活中，我们不能过分地依赖雄辩的作用，有很多纠葛与问题，再雄辩的语言也解决不了，但是沉默却可以轻而易举地为事情画上圆满的句号。

学会沉默，能够为你带来一方宁静。沉默并不是性格内向人的专利。事到临头用三思，话到嘴边留半句，以不变应万变，沉默是人格、品质等方方面面的综合，是成功的哲学之一。

言语谨慎对于一个人立身、处世具有很重要的意义。处世戒多言，言多必有失。与世人相处切忌多说话，说话太多必然会有失误。说话随便胡扯就会使人听起来荒诞不经，说话繁琐啰唆就会使人感到支离破碎，不得要领。说话不小心会招致祸患，行动不谨慎会招来侮辱，君子处世应当谨言慎行。

提起“刘罗锅”——刘墉，人们脑海里立刻出现了一个聪明机智、正直勇敢、不失几分幽默的人物形象。他凭着自己的正直和聪明周旋于危机重重的封建官场，左右逢源，游刃有余。但很少有人知道，刘墉也曾遭遇重大转折，受到乾隆皇帝的呵斥，本该获授的大学士一职也旁落他人。究其原因，不过是刘墉守口不密，说话不周，酿成了祸患。一次乾隆谈到一位老臣去留的问题，说若老臣要求退休回籍，乾隆自己也不忍心不答应。刘墉便将这话泄露给了老臣，而老臣真的就面圣请辞。乾隆大为恼火，认为这是刘墉觊觎补授大学士的明证，是“谋官”的明证，因而训斥一通，将大学士一职改授他人。

武则天《臣轨·慎密》中有言：嘴巴好比一道关卡，舌头好比射箭的弩机。嘴巴和舌头犹如一柄双刃剑，一句话说得不妥当，反过来会伤害到自己。话一出口你就无法阻止别人去传播，由此所带来的影响你也根本没办法控制。刘墉由于说话不慎，而将到手的大学士丢了，就是最好的明证。

“言多语失”，说话应谨慎，舍弃那些不可说的话，即使是可以说的话也应该按需要的程度，能省则省。要知道，虽然有时你说话并无恶意，但对听者而言，却可能已伤及他的自尊心。诸多事实证明，话说得得体，则让人高兴；反之，只会让人伤心。就是相同意思的话，由两个不同的人说出来，听起来也有区别。你自己信口开河，根本意识不到会伤害人，但别人却认为你是有意的。很多不爱多说话的人，其实他并不是糊涂得无话可说，而是他明白言多必有失的道理。

日常生活中，一个人光说不做、只会说话而不能付诸行动，久而久之，只会让人生厌。多说话的人往往给人以夸夸其谈的印象，倒不如少说话，踏踏实实地多做实事让人感觉勤奋踏实，值得信任。一个人只有做行动上的巨人，少言多思，才能有所成就。

穷不失志，富不忘本

原典

贵而忘贱者不久。

意译

富贵之后就忘了贫贱时的情况，这样的富贵必不会长久。

修身智慧

晚清“中兴四大名臣”之一、直隶总督、湘军的创立者曾国藩位高权重，享受富贵荣华。但曾家的饭桌上总是有一碟腌菜，与堂皇之家的富丽相比，显得无比寒酸。

早些年，曾家没有一亩田地，曾国藩的爷爷靠着给大户人家当短工来维系一家人的生计。当家里渐渐有了一些积蓄的时候，曾老太爷就买了几分薄田。每年，老太爷都用自家产的菜做腌菜供家人食用。但因家中人口多，所以田里的菜即使都腌上，也还是不够吃。老太爷就想出一个办法，把别人家不要的菜叶和菜根收回来，去掉老皮，跟菜一起腌了。后来，曾家渐渐过得好了，可是老太爷依然保持着原来的传统，收集很多菜叶和菜根，与菜一起腌上几十缸。

曾国藩就是吃着这样的腌菜长大的。后来，他位极人臣，依然不忘早年的苦处。他的饭桌上也总是有一碟腌菜，时刻提醒自己不能忘本。

穷不失志，富不忘本。越是取得了成绩，越不应该忘记本分，就如同一棵树，越是枝叶繁茂，就越不应该忘记滋养它的土地一样。如果忘记了功成名就以前的贫贱，就只能在物欲与贪婪中徘徊，失去进取之心，在享乐中自毁前程。就如洪秀全，当年生于贫贱，金田村起义后，攻克南京，建太平天国，拥百万之众，自立“天王”，中外震动、功绩斐然。但他荣享富贵之后，不思进取，忘记当年的贫贱之况，荒淫无道，变成当初他所反对的统治者一样的人，于是，他失尽民心。同时，太平天国内部的杨秀清、韦昌辉等当年同患难的兄弟，也因争权而自相残杀。最终，太平天国为清廷所灭。太平天国的遭遇正如《素书》所言，贵而忘贱者，其富贵必不能久享。

“贵而忘贱”还指这样一种人，他在贫贱时得到了患难之交的支持，糟糠之妻的鼓励，可一旦富贵起来，却将曾经帮助他的人抛之脑后。他们不愿与人分享成就，即使是眼前获得了成功，最终也会众叛亲离。

以身殉物，过莫甚焉

原典

幽莫幽于贪鄙。

意译

最愚昧的想法即是贪婪卑鄙。

修身智慧

俗话说：没有不透风的墙。违背道义，不走正路，一旦东窗事发，必定引致万人唾骂，名利两失。所以，从正道出发，赚取正当的利益，才能有更长远的发展。可是，人为财死，鸟为食亡，总是有人为了满足私欲而取不义之财。“幽莫幽于贪鄙”，贪婪是最受人鄙视的人性弱点。它让人心晦暗，品德变得鄙陋。

“三年清知府，十万雪花银”，历史上贪污之事层出不穷，其中最具代表性的人物当属清朝乾隆年间的大臣和珅。曾有一位叫汪如龙的官员，送给和珅几十万银两，想谋个肥缺，和珅马上让汪如龙当上了两淮监政。而这个职位，之前一直由一名叫征瑞的官员担任。

征瑞每年也都向和珅进献银两10万，看着汪如龙霸占了自己的官职，他心中有些不悦，跑去问和珅：“大人，我每年也向国家贡献白银10万，贡献如此之多，怎么就把我给换了呢？”和珅拉着征瑞的手，笑眯眯地对他说：“别人的贡献更大嘛。”和珅如此赤裸裸的回答，让征瑞哑口无言。

有位山西巡抚派下属携白银20万两，专程赴京给和珅送礼。可是连去了几次，也没人接待。后来，下属专门拿出5000两白银送给接待的人，这才出来一个身穿华服的少年仆人，一开口就问：“是黄（金）的，还是白（银）的？”来人告知是白的，少年仆人吩咐手下将银子收入外库，给了来人一张写好的纸柬，说：“拿这个回去为证，就说东西已收了。”20万两银子，连和珅的面也没见上，可见和珅的胃口有多大！

和珅为官，弄权耍奸，朝野骂声不绝。他把持朝政20余年，金钱交易的事俯拾皆是。故而当他的靠山乾隆帝死后不久，他就被新皇帝嘉庆宣布了20条罪状，并被勒令自裁。一代贪官终于不得善终。

子曰：“富与贵，是人之所欲也，不以其道得之，不处也。贫与贱，是人之所恶也，不以其道得之，不去也。不义而富且贵，于我如浮云。”他提出，不论是富贵的获得还是贫贱的摆脱，都必须严格地遵照一定的道德标准来实现，如果违反道德标准，就是“不义”的行动，就应受到人们的鄙视。

明代《七修类稿》中记载了弘治年间一个吏部尚书写在门上的一副对联：“仕于朝者以馈遗及门为耻，仕于外者以苞苴入都为羞。”馈遗、苞苴，都指贿赂。就是说，在朝里做官的接受别人的非法馈赠，在外地做官的向朝里进贡行贿，这都是可耻可羞的。明代一度贿风盛行，而兵部尚书于谦在做巡抚时“每入京，未尝持一物交当路”，他赋诗抒怀：“手帕蘑菇及线香，本资民用反为殃；清风两袖朝天去，免得闾阎话短长。”

宋代张商英认为：“以身殉物，过莫甚焉。”也就是说，贪婪之人无一不是被物欲所奴役，因身外物而迷失了灵魂。俗话说：“天下熙熙，皆为利来；天下攘攘，皆为利往”。君不见，今日的贪官不是仍然此起彼伏、层出不穷吗？其实，就像庄子所说的那样，贪腐者追求的那些东西其实不外身体的安适、丰盛的食品、漂亮的服饰、绚丽的色彩和动听的乐声等东西，到头来其实都是一场空。

“发财做官是人人都想的，但用不正当的方法得到的，不要接受；贫穷和地位低贱是人人厌恶的，但不能用正当方法摆脱的，就不要摆脱。君子扔掉了仁爱之心，怎么能成就君子的名声？君子时时刻刻都不离开仁道，紧急时不离开，颠沛时也不忘记。”这是孔子关于义、利的看法，直白地说，即“君子爱财，取之有道”，离开仁道去苟取的钱财，是令人生厌的。

人们对阳光下的财富心怀敬意，只有阳光下的财富才有明亮的光泽，而阴暗中的财富自然会遭到人们的质疑。求富贵、去贫贱都应以义为准绳，以义导利，以义去恶，否则将适得其反。

明朝的开国皇帝朱元璋曾给他的臣子们算过一笔账：老老实实地当官，守着自己的俸禄过日子，就好像守着“一口井”，井水虽不满，但可天天汲取，用之不尽。

朱元璋的这个账算得颇有哲理，“一口井”哲学形象地点明了明哲保身的财富哲学，靠自己的劳动获取财富最踏实，不义之财最终葬送的是整个人生。

战国时代，孟子名气很大，府上每日宾客盈门，其中大多是慕名而来的求学问道之人。有一天，孟子府上接连来了两位神秘人物，一位是齐国的使者，一位是薛国的使者。对这两位贵客，孟子自然不敢怠慢，小心周到地接待他们。

齐国的使者给孟子带来赤金100两，说是齐王所赠的一点小意思。孟子见其没有下文，坚决拒绝了齐王的馈赠。使者灰溜溜地走了。

隔了一会儿，薛国的使者也来求见。他给孟子带来50两金子，说是薛王的一点心意，感谢孟先生在薛国发生兵难时帮了大忙。孟子吩咐手下人把金子收下。左右的人都十分奇怪，不知孟子葫芦里装的是什么药。陈臻也对这件事大惑不解，他问孟子：“齐王送你那么多金子，你不肯收；薛国才送了齐国的一半，你却接受了。如果你刚才不接受是对的话，那么现在接受就是错了；如果你刚才不接受是错的话，那么现在接受就是对了。”

孟子回答说：“都对。在薛国的时候，我帮了他们的忙，为他们出谋设防，平息了一场战争，我也算个有功之人，为什么不应该受到物质奖励呢？而齐国人平白无故给我那么多金子，是有心收买我，君子是不可以用金钱收买的，我怎么能收他们的贿赂呢？”

孟子不收不义之财，因为他明白：收受了贿赂的钱财，自己就将永远受制于人。人生的辩证法是无情的，有得必有失。过于贪心的人不仅享受不到“一口井”给自己带来的幸福，弄不好还会把自己的生命也搭进去。爱财之心，人皆有之；而君子爱财，取之有道。这样的财来得心安理得，来得理所当然，对自己、对他人都没有坏处，用起来自然身心舒坦，别人也无从挑剔。

藏巧用晦，难得糊涂

原典

以明示下者暗。

意译

总是向人显示聪明，其实是愚蠢的行为。

修身智慧

《素书》言：“以明示下者暗。”“暗”有愚蠢之意。处处显示自己的聪明，反倒是一种愚蠢的做法。自古至今，聪明有才的人比比皆是。和珅是有才，所以官至文华殿大学士，家财八亿两，但却因为机关算尽太聪明，到头来，“百年原是梦，卅载枉劳神”，不仅八亿两家财入了国库，小命也被要了去。游刃官场，可以聪明，但一定要把握好“度”，否则倒霉的就是自己。

《红楼梦》中的王熙凤，可谓家喻户晓。

王熙凤何等的冰雪聪明，恐怕这世上有很多男人都不及她。她八面玲珑、九面处世、外柔内刚；她笑里藏刀，表面向你微笑，心里却在给你下套子。一个贪图她美色的贾瑞被她的计策整得一缕孤魂上青天，一个看上她老公的尤二姐被她的两面三刀给逼得吞金自尽，而她的“偷梁换柱掉包计”，则送掉了颦儿脆弱的性命。

王熙凤的能耐大得能登天，荣宁二府在她的整治下服服帖帖，秦可卿出殡这样的大事到了她手里简直是小菜一碟。她能说会道，贾府上下无人不晓她琏二奶奶。

可王熙凤却是一个精明过火的女人，精明到处处好强、事事争胜，哪儿都落不下她，终于得罪了大太太，加之贾母撒手人寰，她的靠山没了，终于送了卿卿性命。

红学家们感慨这样一个精明能干的女人的悲惨结局，全在于她没有看透官场上的处世哲学——难得糊涂。

为人处世，是精明一点儿好，还是糊涂一点儿好，各人有各人不同的答案，但官场中人有时还是“糊涂”一点儿好，当然这种糊涂并不是真的糊涂，而是希望我们学会一点儿大智若愚的技巧，避免一些弄巧成拙的尴尬。

古语有云：“鹰立如睡，虎行似病。”这是动物中的强者攫鸟噬人的方法。由此联想到人，君子要聪明不露，才华不逞，才有任重道远的力量。这大概也可以形象地诠释“藏巧于拙，用晦而明”这句话的具体含义。

一般说来，人性都是喜直厚而恶机巧的。而胸怀大志的人，要达到自己的目的，没有机巧权变，又绝对不行；尤其是当他所处的环境并不尽如人意时，那就更要既弄机巧权变，又不能为人所厌戒，所以就有了“鹰立如睡、虎行似病”等藏巧用晦的各种做人方法。其中有一种就是正面进行的“拙行”。

唐初的重臣李勣，本是李密的部下；后随故主投于李渊父子的麾下。此时天下大势已趋明朗。李勣懂得，只有取得李渊父子的绝对信任才有前途，于是他把“东至于海，南至于江，西至浊州，北至魏郡”的所据郡县土地人口图派人送到关中，当着李渊的面献给李密，说既然李密已决心投降，那我所据有的土地人口就应随主人归降，由主人献出去，否则自献就是自为己功、以邀富贵而属“利主之败”的不道德行为。

李渊在一旁听了，十分感慨，认为李勣能如此尽忠故主，必是一个忠臣。李勣归唐后，很快得到了李渊的重用。但是李密降唐后又反唐，事未成而“伏诛”。

按理说，一般的人到了这个时候，避嫌犹恐过晚，但李勣却公然上书，奏请由他去收葬李密——唯其“公然”，才更添他的“高风亮节”，假设偷偷摸摸，则可能会有相反的效果。“服缞絰，与旧僚使将土葬密于黎山之南，坟高七仞，释服散。”这纯粹是做给活人看的。表面看这似乎有碍于唐天子的面子，是李勣的一种愚忠，实际李勣早已料到这一举动将收到以前献土地人口同样的神效。果然“朝野义士”，都推他是仁至义尽的君子，从此李勣更得朝廷推重，恩及三世。

李勣利用的是一种“负负得正”的心理效应，迎合了人们一般不信任直接的甜言蜜语，而相信一个人与他人相处时表现出来的品质——即侧面观察的结果，尤其是迎合了人们一种普遍心理，即喜爱那些远离忘恩负义、趋吉避凶、奸诈易变而又表现大丈夫气概的人。李勣换主而伺，又高调为原来主人收葬之为看似直中之直，实则大有深意，这是“藏巧于拙”做人的成功典型。

大诗人李白有一句耐人寻味的诗，叫“大贤虎变愚不测，当年颇似寻常人”。这是指在一些特殊的场合中，人要有“猛虎伏林，蛟龙沉潭”那样的伸屈变化之胸怀，让人难预测，而自己则可在此期间从容行事。很多时候一个人再有龙虎之才，也不能表露无遗，而当常行“拙行”，以示忠心，方可灵活容身，屈伸自如。

智寡身孤，德残自恃

原典

孤莫孤于自恃。

意译

最孤独的念头莫过于自恃太高。

修身智慧

恃才傲物的人往往会被孤立。这是《素书》“孤莫孤于自恃”的本意。张商英评价恃才傲物者时说道：“自恃，则气骄于外而善不入耳；不闻善则孤而无助。”的确，骄傲自大的人无意中会在自己与外界之间树起一道无形的“城墙”，形成与外界的隔膜，并因此变得目中无人。使自己脱离群体，与群体意识相悖，甚至会令人厌烦，被人孤立，成为为人处世的障碍，就如王氏所言：“如独行一般，智寡身孤，德残自恃。”生活中也确有相当数量的人有自傲的毛病，不合群，难以与人相处。

三国时期的祢衡，初见曹操，就把曹营文武将官尽数贬得一文不值，说“荀彧可使吊丧问疾，荀攸可使看坟守墓，程昱可使关门闭户，郭嘉可使白词念赋，张辽可使击鼓鸣金，许褚可使牧牛放马，乐进可使取状读招，李典可使传书送檄，吕虔可使磨刀铸剑，满宠可使饮酒食糟，于禁可使负版筑墙，徐晃可使屠猪杀狗；夏侯惇称为‘完体将军’，曹子孝呼为‘要钱太守’；其余皆是衣架、饭囊、酒桶、肉袋耳！”

他把别人看成豆腐渣，却大言不惭地声称自己“天文地理，无一不通，三教九流，无所不晓；上可以致君为尧、舜，下可以配德于孔、颜，岂与俗子共论乎”。曹操自然没收留这个眼空四海的狂徒。他又去见刘表、黄祖，还是走一处骂一处，最后终于被黄祖砍了脑袋，为后人留下了个笑柄。

一个人有一定的才气，自然会身价倍增。但这并不是骄傲的资本，更不能因此而自恃清高，或不把别人放在眼里。低调不是一句口号，要切切实实地保持行为上的低调，就应明白为人不可恃才傲物的道理。要知道，任何人都有被瞧得起和被尊重的需求，否则，恃才傲物、目中无人，最终可能得罪了他人，断了自己的后路。

在秦始皇陵兵马俑博物馆，有一尊被称为“镇馆之宝”的跪射俑。它被誉为兵马俑中的精华，中国古代雕塑艺术的杰作。

它左腿蹲屈，右膝跪地，右足竖起，足尖抵地；上身微左侧，双目炯炯，凝视左前方；两手在身体右侧一上一下作持弓弩状。

如今，秦兵马俑坑已经出土、清理各种陶俑1000多尊，除跪射俑外，皆有不同程度的损坏，需要人工修复。而这尊跪射俑是保存最完整的，仔细观察，就连衣纹、发丝都清晰可见。这究竟为何？

专家告诉我们，这得益于它的低姿态。首先，跪射俑身高只有1.2米，而普通立姿兵马俑的身高都在1.8~1.97米之间。天塌下来有高个子顶着，兵马俑坑都是地下坑道式土木结构建筑，当棚顶塌陷、土木俱下时，高大的立姿俑首当其冲，低姿的跪射俑受损害就小一些。其次，跪射俑作蹲跪姿，右膝、右足、左足三个支点呈等腰三角形支撑着上体，重心在下，增强了稳定性。

其实，处世也是如此，保持谦卑的姿态，躲开无谓的纷争，避开意外的伤害，才能更好地发展自己。

恃才傲物者多半是身怀一些常人所不及之本事的人，有的恃才傲物者是出于性格清高，有的则是故意与人“叫板”，但不管是属于哪一类，都不是明智之人。自视清高、恃才傲物只会令自己陷入困难的境地。

一般而言，自恃太高的人大多都存在着某种潜在的心理问题。自恃的动因多半是虚荣心在作怪。有人说虚荣是落后的根源、骄傲的渊薮，并非没有道理，正是虚荣心作怪，自恃者才自欺欺人，干出瞪着眼睛说瞎话的傻事。不管是自觉的自恃清高还是未被察觉的不自觉的自恃清高，都属于自己未能真正了解自己的范畴。自恃清高的人往往对社会的期望值过高，但是，由于这种期望本来就是建立在虚假基础上的，所以最终的结果必然是好梦难圆，要求落空，于是随之而来的就是懊丧、不平以及对于社会和各种机遇与人际关系的诅咒与抗争。这种情况，在文学领域可能早就屡见不鲜了。李白当年自恃才高盖世，目空一切，与人不相容，钻进了“天生我才必有用”的死胡同，卷入政治涡流之中又难以自拔，最后陷入了孤芳自赏的迷魂阵中，只能以悲剧而告终。

枉士无正友，曲上无直下

——交友的智慧

有了朋友，则众志成城

原典

同声相应，同气相感。

意译

有共同语言的，则互相应和。气韵旋律相同的，则互相感应。

修身智慧

人类是社会动物。一个人在社会中不可能没有朋友。任何人的一生都是一场搏斗。在这一场搏斗中，如果没有朋友，则形单影只，鲜有不失败者。如果有了朋友，则众志成城，鲜有不胜利者。

任何人的生存都离不开朋友，没有真正的朋友，一个人将寸步难行。在古代，歌颂友谊的故事更是不胜枚举，如“桃园三结义”，如钟子期与俞伯牙的故事。人们之所以如此看重友情在自己生命中的分量，是因为朋友就是另一个自己，他们的存在让我们的生命焕发光彩，关键时刻甚至还能震撼我们的心灵。用黄石公的话说就是："同声相应，同气相感。"

无论古人还是今人，行走于世都会常常喟叹："相识满天下，知心能几人？"因此每当遇到知心之人，必然有"为知己者死"的情怀。何以"知己"便能让人不惜自己的性命也要守住？这是因为每当心境彷徨，知己会与自己共同承担苦闷；每当怒气冲天，知己会以宽容的胸怀接纳；每当欣喜若狂，知己会乐于分享；每当乐不思蜀，知己会及时给予忠告；每当扬扬自得、走向歪路，知己会及时地拉自己一把；面对知己，无须言语的解释，举手投足、一个眼神、一个微笑，他便能体会到你此刻的心意。

然而，这天下间能如此了解自己的人太少了，即便是父母、兄姊、情人，也不能完全做到，便是这份稀有，也足以用生命守护。彼此知心的人所结成的友谊通常都是终生不渝的，这种不渝值得一辈子珍藏，即使死去，也想要带在身边。

季羡林先生有一位相交了七十多年的朋友，便是诗人臧克家。2005年，臧克家去世了，季老每当追忆这位朋友，都觉得心痛无比，时常感叹人生中最好的朋友离去了，唯有用"他永远永远地活着"来聊以自慰。

季老早年有一次到金鱼胡同的四联理发店理发，恰巧碰到老舍，老舍悄悄替季老付了理发的钱，让季老十分感动。季老到了晚年还一再跟老舍的儿子舒乙先生提到这些事情，说十分怀念舒先生的父亲。

朋友是那个会与你相依相感、相应相亲的人，更是那个可以与你患难与共、生死同舟的人。患难之时的友谊真的像明灯一样，给人生命中最黑暗的角落带来希望和光明。能患难与共的朋友才是人生的知己，也才是真正的朋友。

能临危不惧，在危急关头不抛弃自己而愿意与自己一起承担的人，才是真正的朋友。我们每个人都希望自己能够得到这样的朋友，却总是难以如愿以偿。一位伟大的哲人曾说过："想要我为一个朋友去死，这并不困难。难的是找不到值得我为之一死的友人。"尽管患难之交总是很难遇到，但即使暂时没有，也不要灰心，只要寻觅真诚情谊的心在，患难真情迟早会出现在你的身边。

结交正直的朋友

原典

亲仁友直，所以扶颠。

意译

亲近仁义之士，结交正人君子，这样可以扶危助困，摆脱衰败。

修身智慧

黄石公所言："亲仁友直，所以扶颠。"仁慈正直的朋友，是在你遇到困难的时候，能够全力相助的人。所以，在你的人脉中，这种朋友绝对是必不可少的。

汉代有一个叫荀巨伯的人，有一次去探望朋友，正逢朋友卧病在床，这时恰好敌军攻破城池，烧杀掳掠，百姓纷纷携妻挈子，四散逃难。朋友劝荀巨伯："我病得很重，走不动，活不了几天了，你自己赶快逃命去吧！"

荀巨伯却不肯走，他说："你把我看成什么人了？我远道而来，就是为了看你。现在，敌军进城，你又病着，我怎么能扔下你不管呢？"说着便转身给朋友熬药去了。

朋友百般苦求，叫他快走，荀巨伯却端药倒水并安慰说："你就安心养病吧，不要管我，天塌下来我替你顶着！"

这时"砰"的一声，门被踢开了，几个凶神恶煞的士兵冲进来，冲着他喝道："你是什么人？如此大胆，全城人都跑光了，你为什么不跑？"

荀巨伯指着躺在床上的朋友说："我的朋友病得很重，我不能丢下他独自逃命。"并正气凛然地说："请你们别惊吓了我的朋友，有事找我好了。即使要我替朋友去死，我也绝不皱眉头！"

敌军一听愣了，听着荀巨伯的慷慨言语，看看荀巨伯的无畏态度，很是感动，说："想不到这里的人如此高尚，怎么好意思侵害他们呢？走吧！"说完，他们就撤走了。

患难时体现出的正义能产生如此巨大的威力，说来不能不令人惊叹。这种朋友就是能够显示自己本色的人，他没有虚假的面具，能够与你真心交往，与你同甘共苦。这种人肯定不是浅薄之徒。他们有着丰富的精神世界，能帮助你不断地进取，成为你终生的骄傲。

益者三友，损者三友

原典

近恕笃行，所以接人。

意译

主动接近那品性敦厚的人，并乐于宽恕他们的过失，这就是能够获得真正朋友的原因。

修身智慧

交友有一个选择的过程。开始是结识和初交，在交往过程中互相了解以后，才由初交成为熟悉的朋友。从学习、工作的需要出发，本着互惠互利、共同发展的原则，结交一些志同道合的朋友是有益的。如果不仅志同道合，而且感情深厚、心灵相通，就可以从合作共事的朋友变成生死相依、患难与共的知音知己。

交什么朋友，怎样交友，这是一个问题的两个方面。朋友有君子，有小人，交友也有君子之交和小人之交。君子之间的友谊平淡清纯，但真实亲密而能长久。小人的友谊浓烈甜蜜，但虚假多变，经不起时间的考验。

君子之交以互相砥砺道义、切磋学问、规劝过失为目的，友谊是建立在互相理解、思想一致的基础之上的，故虽平淡如水，但能风雨同舟，生死不渝。小人之交是建立在私利的基础上的，平时甜言蜜语，信誓旦旦，一旦面临利害冲突，就会交疏情绝，反目成仇。

但在交友过程中必须注意《素书》中提到的“近恕”。“恕”即指品行正直之人，“近恕”即指与品行正直之人交友。《孔子家语》说：“与君子游，如入芝兰之室，久而不闻其香，则与之化矣。与小人游，如入鲍鱼之肆，久而不闻其臭，亦与之化矣。”可见，有时决定身份和地位的并不完全是个人的才能和价值，而是他与什么样的人在一起。

孔子曾说：“益者三友，损者三友。友直、友谅、友多闻，益矣。”他劝诫人们应多与优秀者交朋友。同这些人交往，能够增长知识，增强能力，扩大见识，明白事理，获取进步。一个优秀朋友的建议、及时的暗示或友善的劝告，可能为我们的生活开辟一条全新的道路。所以，多与优秀的人交往，他们会让你受益终生。

欧阳修是北宋时期著名的文学家、史学家和政治家。他在文学上取得了卓越的成就，创作了大量优秀的散文和诗词。他的散文简洁流畅，丰富生动，富于感染力。欧阳修是唐宋八大家之一。他还为当时的文坛培养了一批人才，像苏洵、苏轼、苏辙、曾巩、王安石等文学家，都出自他的门下。

欧阳修在颍州府（今安徽省阜阳市）当长官的时候，有位名叫吕公著的年轻人在他手下做事。有一次，欧阳修的朋友范仲淹路过颍州，顺便拜访他。欧阳修热情招待，并请吕公著作陪叙话。谈话间，范仲淹对吕公著说：“近朱者赤，近墨者黑。你在欧阳修身边做事，真是太好了，应当多向他请教作文写诗的技巧。”吕公著点头称是。后来，在欧阳修的言传身教下，吕公著的写作能力提高得很快。

正如《论语·里仁》中所说：“见贤思齐焉。”如果一个人周围都是一些道德高尚的人，那么这个人也会通过努力，赶超他们。同样的，如果一个人总是与一些道德素质低下的人交往，久而久之他的品性也会变得低劣。

趣味相投，才能成友

原典

同恶相党，同爱相求。

意译

为非作歹之徒必然结党营私。有相同爱好的人，自然会互相访求。

贾岛说：“君子忌苟合，择交如求师。”而梁漱溟先生认为择友的标准应该是“趣味”，他说：“朋友相交，大概在趣味上相合，才能成为真朋友。”这个趣味包括学识、品格、个人喜好等各方面。趣味不必相同，能够相合就可以了，即“同恶相党，同爱相求”，理想、志向、爱好相同的人，必然能够趣味相投。

梁漱溟先生说，自己在二三十岁时所交的朋友，“差不多没有一个不比我年纪大的，如张难先、林宰平、伍庸伯、熊十力诸先生。不同年龄的人趣味不同，竟能成为很好的朋友，这都不是容易的”。

嵇康常与向秀在树荫下打铁，不为谋生，只是随从自己的意愿。他是当世名士，谁的诗文得到他的青睐，很快就能得到盛名。贵公子钟会有才善辩，也希望能够和他结交。一日，钟会前来拜访，带来大批官员，嵇康一见这场面很是反感，没理睬他，只是低头干活，钟会待了良久，怏怏欲离。

嵇康突然开口说：“何所闻而来？何所见而去？”

钟会立即答道：“闻所闻而来，见所见而去。”说完就拂袖而去。

嵇康对阮籍却是另一种态度。阮籍素以不拘礼法著称，他常用白眼对待礼俗之辈，用青眼接待知音。他的母亲亡故后，嵇康的哥哥嵇喜前来吊唁，阮籍翻着白眼，致使嵇喜不快而去。嵇康知道后，由于了解阮籍的性情，就干脆提着酒坛挟着琴去看他，阮籍果然高兴。

是真名士自风流，嵇康和阮籍就是能够在司马政权的压制之下以独特的方式保持风流姿态的真名士，所以嵇康可以不屑于和钟会相交，而阮籍能对嵇康大加青睐。

梁漱溟先生还认为，一个人既是从自己的趣味高低去定朋友的高低，也是通过朋友的高低来奠定自己在社会上的信用地位的。

曹操为了得到徐庶，将徐母软禁在曹营。程昱骗得徐母笔迹，模仿她的字体，诈修家书一封，派人送到徐庶那儿。而徐庶是个至孝之人，为全孝道，只得赶往曹营。拜别刘备之际，徐庶不仅说日后纵然曹操相逼，也“终身不设一谋”，并且还为刘备推荐了一个奇士。

徐庶说：“此人不可屈致，使君可亲往求之。若得此人，无异周得吕望、汉得张良。”

刘备认为天下之才无出徐庶之右者，于是便问那人的才德与徐庶相较如何。

徐庶回答：“以某比之，譬犹驽马并麒麟、寒鸦配鸾凤耳。此人每尝自比管仲、乐毅；以吾观之，管、乐殆不及此人。此人有经天纬地之才，盖天下一人也！”

徐庶口中的绝代奇才正是谋定三分天下的诸葛亮，刘备这才知道他就是水镜先生司马徽昔日所言的“伏龙、凤雏，两人得一，可安天下”中的伏龙。

刘备准备去拜访诸葛亮时，司马徽前来拜访，刘备便向他打听诸葛亮其人。司马徽说：“孔明与博陵崔州平、颍川石广元、汝南孟公威与徐元直四人为密友。此四人务于精纯，惟孔明独观其大略。尝抱膝长吟，而指四人曰：‘公等仕进可至刺史、郡守。’众问孔明之志若何，孔明但笑而不答。每常自比管仲、乐毅，其才不可量也。”

关羽插嘴道：“某闻管仲、乐毅乃春秋、战国名人，功盖寰宇。孔明自比此二人，毋乃太过？”

司马徽却说，孔明不当与管仲、乐毅相比，而是可比“兴周八百年之姜子牙、旺汉四百年之张子房”。

第二天，刘备就带着关羽、张飞前去隆中求贤。

孔明一面未现，也一谋未设，就已经得到了刘备的仰慕与信任，何也？正是因为他所结交的徐庶、司马徽等人都非泛泛之辈。水镜先生清雅识人，有仙风道骨；徐庶的韬略才识时人难及，因此曹操才想方设法笼络他，刘备为他饯行时才会泪如雨下。这两位非常之人都对诸葛亮再三推崇，刘备自然深信不疑，心向往之。会有那段“三顾茅庐”的历史佳话自然也在情理之中了。孔明有经天纬地之才，有经邦济世之抱负，才可能与徐庶探讨天下大势，才能够得到水镜先生的赞赏。可见，自己的趣味高，才能够交到好的朋友，也能够在社会上建立起自己的信誉和地位，这是梁先生教导给我们的。所以一方面要不断地砥砺自我，培养自己的才学品格，同时也要多与君子结交才好。

同爱、同志与同难

原典

同志相得。同仁相忧。

意译

理想志趣相同的人，必然会情投意合、相得益彰。怀有仁善之心的人，必然相互担忧、关心对方。

修身智慧

物以类聚，人以群分，原本陌生的人之所以能走到一起，形成群体，是因为人与人之间拥有相互吸引的共同因素。《素书》便列出了这些共同因素。如同爱、同仁、同志、同声等。总结所有因素，人与人之间关系的亲近，无非是“三同”，即同爱、同志与同难。

所谓“同爱”即拥有共同的爱好。俞伯牙与钟子期“高山流水”遇知音，便是在共同爱好上建立起的友谊。所谓同志，即指有共同的志向。如张良与刘邦，姜子牙与周文王，诸葛亮与刘备，抱定共同的志向，因此相得。有共同志向的人在一起才能够共同实现目标，如果失去了共同追求的目标，或者共同目标不明确，团队便会离散。

如宋朝的梁山好汉108将，他们有一个共同的价值观就是江湖义气，无论发生什么事都是兄弟。所以他们能团结在一起。但是他们没有一个共同的目标，因此当朝廷招安时，宋江认为应该投降，李逵认为他们打打杀杀挺好的。还有些人认为，衙门不追杀他们就很好了。结果梁山好汉的团队就这样分崩离析。所以，一定要重视团队的共同目标与使命感。

同难，则是指面临共同的危险，可能共患难的人。战国时代后期，经过商鞅变法后的秦国逐渐强大起来，成为七雄中实力最强的国家，齐、楚、燕、韩、赵、魏六国均无力单独抗击强秦的侵略。为了与强大的秦国对抗，保障弱小国家的利益，六国联合，势在必行。

公元前314年，苏秦先到燕国，向燕文王指出，自己的国家与燕国有着共同的敌人、共同的利益，在强大的秦国面前，各小国好比风中的蜡烛，只有大家联合起来，才能保护各国的利益不受侵犯。他劝说燕文王应与近在百里的赵国联合，以防千里之外的强秦。

燕文王接受了苏秦的建议之后，苏秦又来到赵国，向赵肃侯指出了大家的共同利益。他说："秦国之所以不进攻赵国，是因为顾虑韩、魏二国袭其后方。如果秦国先打败韩、魏，再举兵攻赵，那么赵国的灾难就到来了。"苏秦还向赵王指出：六国之地五倍于秦，六国之兵十倍于秦，如果为了共同的利益，能够合六为一，同心同德，必定能打败秦国。因此，他希望赵王邀请韩、齐、楚、燕等国国君进行谈判，共商六国联合抗秦大业，这样，秦国就不敢进攻六国中的任何一国了。

在整个游说过程中，苏秦抓住了“各国都要维护自己的利益，秦国是他们的共同敌人”这一主线，讲明六国有着共同的利益关系，合则可以抗强，分则有被秦国各个击破的危险。因此，同舟共济，联合抗秦，才是保护自己国家利益不被分割的唯一选择。

共同的爱好，共同的目标以及共同的危机感，是陌生人，甚至敌人能够走到一起的原因。无论在日常交往还是团队管理中，运用这“三同法”来与人拉近关系，提高团队凝聚力将收到事半功倍的效果。

提升自己，结交强者

原典

同智相谋。

意译

同样才智超群的人，必然互相较量各自的谋略。

修身智慧

刘禹锡的名篇《陋室铭》中就有“谈笑有鸿儒，往来无白丁”，意在表达作者即使身处陋室，但是与之交往的人都是有高尚情操、品质高雅的人士。与优秀的人接触，自然会潜移默化地受到他的影响。相反，经常与劣迹斑斑的人为伍，难免也会沦落为品行低下的小人，真正能够做到“出淤泥而不染”的人毕竟很少。但是有时我们会发现，我们无法与强者进行深刻的交流、切磋。原因就在黄石公所说的“同智相谋”。所谓同智相谋，意思是人在选择对手或朋友的时候，总是会选择那些与自己水平相当的人。所以，如果你希望能够与品行高雅、学识渊博的人交往，能够从他人那里学到点东西，那么要先提升自己。想要吸引什么，就先将自己变成什么。

当然，提升自我、追求进步的过程，也是曲折而坎坷的，往往是人们在经历了挫折，在无情的现实中四处碰壁之后才能够领悟到的。

刚刚研究生毕业的方明到某高校任教，自以为学术功底扎实的他在教研活动中才感到自己的很多理论知识都与实地调研挂不起钩来，而且学科的前沿理论也知之甚少。意识到这些之后，方明也没有下定决心奋起直追，而是仍然心不在焉地认为还可以凭老底混几年，趁年轻先好好玩玩再说。后来，他才发现这么下去并不是办法。因为在教研室进行学术讨论的时候，其他同事都能够侃侃而谈发表自己的观点，唯独自己常常没有成熟的看法，这时他都会感觉到同事对他怀疑的眼光。教研室申请下来了国家社科基金的课题，老师们要分为几个子课题，方明非常想和理论功底深厚、学识渊博的资深教授一起，却被人家婉言拒绝，只得到了行政助理的任务。在参加学科内的高端会议时，由于那些资深专家、教授交流的观点很难懂，他自然也很难参与进去，更谈不上发表自己的观点，也很难有人认识自己。这使他深刻认识到，自己学术水平不够，就很难得到大家的认同和肯定，就不可能进入学术界的核心圈子。认识到这点以后，他开始下工夫钻研学术、潜心搞调查研究。在这个充满寂寞的、孤独的过程中，他体会到了钻研学术的快乐、愉悦。功夫不负有心人，两年的时间里他就发表了4篇核心期刊的学术论文，令同事刮目相看，并被学校优先提拔为副教授。这时，愿意与他切磋、交流学术观点的学者、专家也就多起来了。

如果你想与雄鹰共处，那么你就要自己先练就高超的飞翔技术，才会得到雄鹰的赏识。方明是明智的，当遇到类似情境的时候，可以反过来站在对方的角度来思考问题。不可否认，在工作中，大家都希望能够与业务水平高深的人一起交流，能够提升自我，而不屑于与水平低下的人为伍。中国有句古话“近朱者赤，近墨者黑”，其实，也就是这个道理。物以类聚，人以群分。一个人的道德、能力、学识都能够从他交往的圈子中窥斑见豹。你要想吸引什么，就让自己先变成什么。既然难以改变别人，就先改变自己，这样才能赢得别人的肯定和尊重。

匹夫不可以不慎取友

原典

同类相依，同义相亲。

意译

同一类型的，互相依存。具有共同道义的，相互亲近。

修身智慧

《素书》中提出的“同类相依，同义相亲”在现实生活中被大多数人认同。这句话在阐明交友原则的同时，也在一定程度上肯定了环境对人的作用。因而，有时决定一个人身份和地位的并不完全是他的才能和价值，而是他与什么样的人在一起。古时孟母三迁，为的是避免年幼的孟子在不知不觉中沾染恶邻的恶习。

胡适先生曾在一篇文章中说到：“少年人的理想主义受打击之后，反动往往是很激烈的……我在新公学解散之后，得了两三百元的欠薪，前途茫茫，毫无把握，哪敢回家去？只好寄居在上海，想寻一件可以吃饭养家的事。在那个忧愁烦闷的时候，又遇着一班浪漫的朋友，我就跟着他们堕落了。”

胡适在《四十自述》中回忆，1909年，各地学生运动陆续失败，中国新公学也与中国公学合并了。他和几个朋友意气消沉，离开了学校，在外租了房子，靠索债、借债、典质衣物为生。

那是胡适生命的沉沦期。跟着那帮“浪漫的朋友”，不到两个月，什么打牌、吃花酒，胡适都学会了。他的生活一片混沌，学问没进步，只写了几首《酒醒》《纪梦》之类的诗。后来，王云五介绍胡适去华童公学教国文，不过胡适放荡的生活依然没有结束。

一天夜里，朋友们又约胡适去喝酒，酒后还一起打牌。回去的路上，拉车的见胡适大醉，就把他推下车去，拿走了他的马褂和帽子。

胡适东倒西歪地在路上走，遇到一位巡捕。他向巡捕问路，随即撒起酒疯，巡捕只好吹哨子，叫来了一部空马车，由两个马夫帮忙捉住他并送到了巡捕房。

第二天早晨胡适醒来时，发现身上没盖被子，只盖着一件潮湿的裘衣，急忙起来，看到铁栏和巡捕，才知道自己进了巡捕房。

胡适被送去审讯，因为是华童公学的老师，法官给留了面子，只罚款五元。

这件事给胡适触动很大，他第一次对自己几个月的放荡生活进行了反省，最终决定打起精神从头开始。

他与那帮不上进的朋友断了交往，闭门读书，考上了“庚款”留美官费生，开始了海外求学之路。

胡适与不好的朋友结交，学坏堕落，是为可耻；然而他年纪轻轻能迷途知返，并奋而向更高的目标努力，却让人敬佩。这个故事让我们看到了一个真实的、与普通人一样懦弱的胡适，也让我们看到了一个拼搏向上、不与堕落的生活妥协的胡适。

俗话说，“近朱者赤，近墨者黑”，同类事物彼此吸引，相通相容，同时又互相影响。和某一种人相处久了，慢慢就会同他有些相像。和成功的人在一起，慢慢就会受其影响，言谈举止、行为处世会学到他的一些方法；和开心的人在一起，就会逐渐变得开心；和有魅力的人在一起，会不知不觉增加魅力。和一群消极的人在一起，每天听到的都是消极的话，就会同样变得消极。原因是，人与人之间通过意识、潜意识、生物场等途径不断地交换物质、信息。你所接触的环境决定了你的思想格局，你的思想言行都是你所在环境的各种反映。只有你接触到的东西，才能实际运用：接触正面，运用的就是正面的东西；接触负面，使用出来都是下流招式。

下面是一位百万富翁请教一位千万富翁的对话，通过这个故事我们可以知道和成功人士在一起的重要作用。

“为什么你能成为千万富翁，而我却只能成为百万富翁，难道我还不够努力吗？”一位百万富翁向一位千万富翁请教。

“你平时和什么人在一起？”

“和我在一起的全都是百万富翁，他们都很有钱，很有素质……”百万富翁自豪地回答。

“呵呵，我平时都是和千万富翁在一起的，这就是我能成为千万富翁而你却只能成为百万富翁的原因。”那位千万富翁轻松地回答。

由此我们可以看出，环境会造成人与人之间的差距。古人云，“匹夫不可以不慎取友”“受益莫如择友”“人生难得一知己”“近朱者赤，近墨者黑”。这些古训都说明交友对一个人的思想、品德、学识会产生深刻的影响。

清代冯班认为：朋友的影响比老师还大，因为这种影响是气习相染、潜移默化的。这就是《孔子家语》说的：“与君子游，如入芝兰之室，久而不闻其香，则与之化矣。与小人游，如入鲍鱼之肆，久而不闻其臭，亦与之化矣。”涉世不深的中学生，尤应注意谨交游、慎择友的古训。在交友时要有知人之明，不要错把坏人当知己，受骗上当，甚至落入坏人的圈套而无法自拔。

任材使能，所以济物

——统御的智慧

其身正，不令而行

原典

释己而教人者逆，正己而化人者顺。

意译

放任自己，却一味教育别人的，别人不会接受他的道理；先端正自己，再去教化别人的，别人就会顺服。

修身智慧

《素书》中说："正己而化人者顺。"领导者想真正得到下属的拥护和认可，赢得下属的心，就必须脚踏实地地身体力行。"正己"直接决定着一个领导者的威严在多大程度上被认可。历史上有许多出色的帝王将相深晓此理。

行伍出身的赵匡胤，经历了诸方征伐的混乱动荡局面，深知"以身作则"的奥妙。所以这位欲有所建树的皇帝，把节俭定为治国方略，自己以身作则，事事为臣吏做表率。

一次，有人将蜀主孟昶用七彩宝石装饰的尿壶送给赵匡胤，赵匡胤很生气地将壶摔在地上说："用七彩宝石镶成一个尿壶，那该用什么东西来盛食物？像孟昶这样奢侈腐化，怎么可能不亡国呢？”

赵匡胤十分注重国计民生，将平日的开销降到最低，衣服经常是补后再穿，所用的乘舆都很简朴，寝宫中的帷帘都是只用青布包边，宫中帷幕也与普通百姓家的没有两样。

赵匡胤不仅以身作则，力行节俭，而且还严格要求家人不能贪求奢华。一次，赵匡胤的姐姐魏国长公主穿了一件翠鸟羽毛做装饰的短上衣入宫见皇帝，赵匡胤见到后，很不高兴。他对公主说：“你穿这样的衣服，宫中其他妇人必定会争相效仿，这样一来，京城翠鸟羽毛价格便会上涨了，百姓见有利可图，便会大肆捕杀，那要杀死多少翠鸟呀。你难道不觉得自己有错吗？”

还有一次，赵匡胤在谈起节俭之道时说：“我大宋富有天下，即使宫殿全用金银来装饰，也不难办到，但既为人君，就要为天下百姓着想，国家的钱财怎可以乱用呢？古人说以一人治天下，怎可以天下奉一人呢？如果全为自己考虑，奢侈无度，那么黎民又该怎么办呢？我还怎么去向他们传达命令，获得天下民心呢？”

赵匡胤的话正是“正己化人则顺”的体现。领导者只有先正己，以身作则，才具有较大的说服力和影响力，才能顺利赢得人心，使下属们自觉地跟着自己走。修身、齐家、治国、平天下，其中修身正己是首要的。榜样的力量是无穷的。赵匡胤明白这个道理，所以在日常生活中，处处注重率先垂范。

正人必先正己，得人必先得心。即是说当一个人想要让他人符合自己的要求的时候，自己需要首先做到以身作则；当一个人想要让属下的人完全忠实于自己的时候，自己要用高尚的德行征服他。领导者只有事先正己，用行动做出表率，以德服人，才能取得做事的主动权，从而赢取人心。

一次，曹操出兵攻打张绣，途中路过一处麦田。为安抚民心，曹操下了一道军令，命令官兵不准践踏麦田，若有违令者，予以斩首。所以，官兵在经过麦田时，都下马小心翼翼地走，没有一个敢践踏的。老百姓看见了，纷纷称颂曹军。

可就在曹操骑马路过麦田时，田野里忽然飞起一只鸟儿，惊吓了他的马。那马飞速蹿入田地，踏坏了一大片麦田。曹操见状，立即要求随行官员治自己的罪，说："我作为军队首领，自己违反了自己下达的命令，更应该被斩首。"说完抽出腰间的佩剑要自刎，被众人连忙拦住。这时谋士郭嘉引用《春秋》上的"法不加于尊"一句为曹操开脱，曹操沉思了好久，说："既然《春秋》上有'法不加于尊'的说法，那就暂且免去一死。但是，我犯了罪也应该受到处罚。"他一边说一边用剑割下自己的一束头发，掷在地上，对众官兵说："割发权代首。"

在古代，人们认为，头发由父母处继承而来，随便割掉不仅大逆不道，而且还是不孝的表现。曹操作为封建社会的政治家，能够割发代首，以身作则，真是太难能可贵了。

"其身正，不令而行；其身不正，虽令不从。"有的时候，行动比诺言更动听，身教比言教更有效。领导者只有事先正己，以身作则，才能赢取人心，使下属们自觉地跟着自己走。

具体而言，领导者"正己"要做到以下几点：

首先，要待人平和，不起骄心。愈是身居高位的领导者，则愈要平易近人。骄则失礼，失礼则众叛。领导者没有平和的态度，下属也不会有恭敬的心。所以，居上位者，在待人接物时当以亲切和蔼为第一要旨。

其次，领导者要有义，要能容众。有义，即与人交往时要有情，与人谋事时要忠诚，有信用；容众指有容人的雅量，对持不同意见的人要做到宽和。

最后，做事要有分寸，处理问题要公正。这是居上位者在任何时候都应该秉持的管理理念。持之正道，才能不失不偏。

“其身正，不令而行；其身不正，虽令不从……苟正其身矣，于从政乎何有？不能正其身，如正人何！”只有端正自身，做到以“理”服人而不是用“权”来压人，管理的工作才能顺利进行，但令人遗憾的是，很多领导者费尽心机制定出若干规章制度，要求员工去遵守，却把自己游离于这些制度之外，这样的领导“释己而教人”，就算他有权威，也很难令下属服从。

真正优秀的领导者，不仅要在管理方面有自己独特的方式，更应该具备“领头雁”的精神与行为。“头雁”飞向哪里，雁队就飞向哪里。所以，领导者时时刻刻都要记住自己的“头雁”身份，将下属引领到最佳的工作状态中去。

保持距离，不怒自威

原典

怒而无威者犯。

意译

发怒却没有威严，无人畏惧，必然会受到侵犯。

修身智慧

《素书》云："怒而无威者犯。"意即没有威严的人即使是大声斥呵他人也不会受到尊重。可见领导人的威严十分重要。古人云："杀一人而震三军者，杀之！"为了一个组织的生存，过分宽容后进者往往是对整个集体的犯罪，因为这些人只会使得整个集团的利益受到极大的损失。从这个角度上说，领导必须保持一定的威严，这就是"王者风范"。

当年吴王委派孙子训练宫中嫔妃成为娘子军。起初，宫妃们觉得好玩，视同儿戏。

孙子一再劝说，并告诫如不听命，即要严惩。其中吴王最宠爱的两个妃子根本听不进去。三日过去，孙子果然行使无情军法，斩死了那两个妃子，宫妃们肃然起敬，立即军容整肃，井井有条。

作为领导者，没有令下属感到畏惧的震慑力，就不容易行使职责。只是有一张和蔼的脸、一番美丽动听的言辞，有时并不能起到令行禁止的作用。保持王者风范，在工作中才能保持客观性。

为什么有的领导人会出现《素书》所言的“怒而无威”的窘态？因为威严是一种内在的修养，是个人魅力的集中体现。一个领导人的威严取决于他的个人魅力所能达到的高度。对于一个拥有极大个人魅力的领导人而言，并不需要用发怒来体现其威严，却能够不怒自威。这是威严的最高境界。然而这并非所有人都能轻易达到，因为它需要以个人的深厚修养为基础。因此，营造个人的这种影响力十分必要，也只有这样的权威也能让下属真正倾心，甘愿聚在领导周围为其效力。

要树立这样的威信，需从以下几个方面入手：

（1）以德树威

“德”包括政治，也包括道德品质。除了要有坚定的政治立场，正确的政治方向，鲜明的政治态度，敏锐的政治眼光外，还要坚持原则，秉公执政，办事公道，赏罚分明，不做“老好人”；严于律己，以身作则，言行一致，表里如一；要清正廉洁，不搞以权谋私；不去玩弄权术，也不搞吹吹拍拍、拉拉扯扯、瞒上压下；要道德高尚，品性正直等。以此形成独特的魅力，最能捕捉公众的想象，凝聚其战斗力，鼓励大家忠心耿耿地为达成群体目标而奋斗。

（2）以信树威

信即信用。言必信，行必果。言必信，就是说一定要讲信用，不食言，不说空话、大话。如果一个领导者事先总是不做考虑，盲目空头允诺，久而久之，他就肯定得不到下属的信赖，下属也必定对其“威信”不屑一顾。

商鞅变法曾有这么一段前奏：国家颁布法令，谁若能移动南门立着的巨木到别的地方，就赏给五十金，人们驻足观看，怀疑政府只为移动一块木头的重赏是否能够兑现，后来政府真的奉上许诺的五十金给移木的勇士。从此，商鞅变法能够令必行，禁必止，坚决果断地施行，秦国也因此崛起于西方。

因此领导一定要说话算数，没把握的事切勿说绝，以防万一，有把握的事情也要留有通融余地，给自己日后行动留下空间，懂得“沉默是金”，慎言慎行维护自己的信誉。

(3) 以情树威

情、信、德都属于个性品德的范畴。领导者如果能够满腔热情地关心他人，设身处地地理解他人，尽己所能地帮助他人，诚意真心地尊重他人，那么被领导者就会由衷地信服领导者，领导者的威信则会自然而然地树立起来。这些来自领导者的理解、同情、尊重、信任和关心，会使人受到鼓舞和振奋。哪怕是领导者一声主动的招呼，一句亲切的寒暄，一次温暖的询问，都会使下属感到这是领导者对自己的关心，从而达到心理相融，感情相通，激发出“好好干”的决心，以不辜负领导的期望。

因此，一个称职的领导必须及早察觉部属的心理状态，同时收集他们的个人资料，适时给予援助、慰藉等。

(4) 以识树威

识主要指领导者渊博的学识和丰富的经验阅历。知识和经验是一种力量，是一种丰富的权力资源。它可以分为两种：一种是专业技术的知识和经验，另一种是领导管理的知识和经验。两种都重要，但后者更重要。要树威最好是把两种知识经验结合起来，同时具备这两种。一个才华横溢的领导者可以使人产生权威感和安全感，即使在困难和极端危急的情况下，广大职工也会跟他同心同德地战胜困难。如果过分地依赖过去的知识和经验，极易导致我行我素，听不进别人任何意见，从而丧失下级的信赖和支持。

（5）以才树威

以才干能力树威比以知识经验树威更重要。以识树威使人信服，以才树威使人佩服。这里的才干主要指领导者的认知才能、决策才能、决断才能、协调才能、管理才能、总揽全局的才能、激励才能、公关宣传才能、应变才能和处理问题的才能，当然也包括专业技术的才能。具备以上才能，被领导者会认为你像个领导者，跟着你干没有错，于是你就有了号召力，有了威信。

（6）以绩树威

以实树威，以绩树威是树威的根本。知识再渊博，能力再强，但最终没干出实绩，下属还是不买你的账，不听你的话。只有说实话，办实事，求实效，成绩实实在在地摆在那儿，让员工感觉跟随这样的领导是有前途的才最有说服力。

一个领导光是洁身自好，不干工作，或整天忙忙碌碌，没业绩，下级充其量说你是“好人”，绝不会说你是能人。作为领导者，千道理，万道理，政绩才是硬道理。如果政绩平平，山河依旧，甚至成事不足，败事有余，不仅无威望可言，还要被下属鄙视责骂，因此领导必须树立绩效意识。

这六个方面的权威都属于非强制性影响力的范畴，而整个影响力是包括强制性影响力和非强制性影响力两大部分的，因此任何一个领导者在树立上述六个方面的权威时千万不要忘记那个权力阀的存在，千万不要忘记适时适度地运用强制性影响力。两相结合，宽严相济，平时多培养非强制力，关键时不忘强制力，如此掌握轻重缓急才能相得益彰。

礼贤下士，求贤如渴

原典

爱人深者求贤急，乐得贤者养人厚。

意译

爱惜别人的人，一定求才若渴，若已乐得贤才，则必定不吝惜钱财，给予丰厚的待遇。

修身智慧

朱元璋曾说：“子思英贤，有如饥渴。”的确，“爱人深者求贤急”，只有真正爱惜人才的人才会思贤若渴。而真正爱惜人才的人能够做到礼贤下士，尊重人才，厚待人才。历史上有很多求贤若渴的人物，曹操就是一例。

曹操为了实现一统天下的大志，曾连续下达三道求贤令，公开向天下招纳贤士。这三道求贤令明白告诉世人：无论你是否有过“迂辱之名”、“见笑之耻”，或即使你有过如“贪将吴起”那种“杀妻取信”、“母死不归”的大恶行径，只要你有才，仍将受到重用。曹操对负责举荐官员的部下所提的要求是：各举所知，勿有所遗。

另外，曹操一反东汉时征辟察举注重所谓名节德行、家世声望的陈规陋习，提出只要有真才实学，什么人都可以用。曹操的兵将大都来自扬州的丹阳、兖州的泰山以及河北的并、冀两州，因有强大的战斗力而声名远播。他唯才是举，多次发布求贤诏令，强调要选拔那些有治国用兵之术的将才，即使他们有“负辱之名、见笑之行”也不会介意。对于一些带领众人前来投奔的豪门望族，他也极力笼络，封其适当的官职。再者，他又不完全否定门第德行标准，而且很重视对名士的争取。对于一些不忠诚可靠的部下，一经发觉，立即会毫不留情地将其清除。因此，最终“天下忠正效实之士咸愿为用”，他手下人才济济。

曹操不仅唯才是举，而且还能礼贤下士，对于真正的人才他会真诚相邀。荀彧就是一个例子。

一次，曹操前往泰山庙拜访高僧，请高僧向自己推荐几位贤能之才。高僧给了曹操一个小锦囊，告知他若遇到一位胆敢辱骂他的人，即时打开锦囊便知。其后，曹操率大军攻入中原，所到之处，鸡犬不宁。进许昌后，曹操扎营于一个叫景福殿的庙内。曹操之弟曹仁淘气贪玩，带着士兵四下抢夺，弄得许昌百姓惶惶不安。这样几天后，四个城门上忽然都贴出一张帖子，上边写着：“曹操到许昌，百姓遭了殃；若弃安抚事，汉朝难安邦。”落款是：“许昌荀彧。”曹操看到帖子后，无比气愤，正想下令捉拿这个胆大包天之徒时，猛然想起高僧的锦囊来。曹操忙打开来看，只见上面写着这样一首诗：“开口就晌午，日落扁月上。十天头长草，或字三撇旁。才过昔子牙，谋深似子房。”很明显，这是一首藏意诗。曹操忙请来身边诸位谋士，共同解读其中含义，折腾了半天才明白六句诗中隐含了这样四个字：许昌荀彧。曹操读后，幡然醒悟，急忙派人请荀彧至自己帐中。

原来，荀彧因不满当朝昏庸无道，一直隐居于许昌。后闻曹操有勇有谋，又爱惜人才，想投奔曹操，又不放心，于是写了这张帖子来试探一番，今见曹操特意派人来请，心里高兴，但为考察曹操是否真心，便故意拒门不出。是时正临寒冬腊月，天气冰寒，遭拒后，曹操没有生气，反而不顾严寒，亲自拜访荀彧，但两次都败兴而归。对于两访不遇，曹操并没有生气，仍耐心求访。

后来，曹操听说荀彧前往祖坟扫墓，于是备下厚礼，前往凭吊。曹操来到坟前，看见一个年轻少年，仪表堂堂，正专心致志阅读《孙子兵法》，头也不抬。忽然一阵风起，把书吹落在地。曹操急忙上前帮忙捡起并恭恭敬敬地递上。对此，荀彧却置之不理，只大声喝问来者何人。曹操说：“我是曹孟德，今天特意来请荀公帮忙开创汉室江山。”没想到，荀彧却十分冷漠地回绝了曹操。曹操赔笑说：“久闻先生足智多谋，今日请不得先生，我不归。”荀彧又推说腿有毛病，行动不便。曹操便亲自牵来自己的马，扶荀彧骑上，迎入景福殿中。

诸葛亮说：“曹操比于袁绍，则名微而众寡，然操遂能克绍，以弱胜强者，非唯天时，抑亦人谋也。”曹操能成大事的条件之一，就是他有着“任天下之智力，争众才之归心”的博大胸怀。老子说：“上善若水。”他认为水的最大长处是“善下之”，善下则百川汇集。

礼贤下士是一个通晓用人之道的领导人所不可或缺的素质。诸葛亮说：“士为知己者死。”只要你真心尊重人才，必然换来他们忠诚的追随。老子说：“善用人者为之下。”善于用人的，必然谦虚待人，居人之下。儒生不可辱，人才一般都有极强的自尊心，他们的自尊心得不到满足，是难以全心全意为你服务的。

知人善任，人尽其才

原典

任材使能，所以济物。

意译

任用德才兼备之人，使其才能得到充分发挥，这样才能成就大事业。

修身智慧

三国时期大思想家刘劭说："人才各有所宜，非独大小之谓也"，"夫人才不同，能各有异"。所以，用人不能只看能力大小，更要看其适不适合某一职位。人尽其才，才能达到《素书》所说的"济物"，即成就大事业。从古至今，凡是优秀的领导者都能注意到能力与职位匹配的问题。他们使用人才时，能够通过寻求好的时机和势态，选择合适的人来创造出他想要的效果。换句话来说，也就是"知人善任"。

三国时期的刘备就是知人善任的典范，他谋不如诸葛亮，勇不如关羽、张飞，但深知用人的道理，他看重情义，又懂得给有才华的人安排适合他们的位置，因此众人都很佩服他。

在三顾茅庐之前，刘备手下虽然有关羽、张飞、赵云等大将，可和曹军交战却屡战屡败。自从诸葛亮出山相助之后，刘备的作战谋略大大进步，曹操对其刮目相看。诸葛亮虽然料事如神，但是一个文弱书生，不能冲锋陷阵，因此刘备也就少不了关羽、张飞、赵云等那样的将才。

曹操也是一个求贤若渴的人，他为降服关羽，不惜降格与其约法三章，对他以礼相待，但是关羽却始终对刘备忠心不二。关羽过五关、斩六将，不远千里去寻找自己的结义大哥；张飞虽然性格鲁莽，但刘备看中的是他的侠气，张飞也因此忠心耿耿。可以说没有刘备知人善任的过人之处，也就没有后来与曹操、孙权之间的抗衡和较量。

刘备善于择人而用，与汉高祖刘邦极为相像。刘邦平定天下之后，在洛阳的庆功宴上就曾说过这样的话："夫运筹帷幄之中，决胜千里之外，吾不如子房；镇国家，抚百姓，给馈饷，不绝粮道，吾不如萧何；连百万之军，战必胜，攻必取，吾不如韩信。此三者，皆大杰也。吾能用之，此所以取天下也。项羽有一范增而不能用，此所以为我所擒也。”

刘邦知道自己不是全才，在很多方面不如自己的下属。他之所以能打败不可一世的楚霸王项羽，一统天下，是因为他能够给不同的人提供适合其发展的平台。

尺有所短，寸有所长。无论是汉高祖还是刘备，“择人任势”都是其成功必不可少的要素之一。在这个“人才最贵”的时代，成为领导者的首要条件是要有一种鉴别人才的眼光，能够识别出他人的优点，并利用这些优点，使所有的人才都能在适当的位置上发挥他们的才能，让他们创造出最大的财富。

在唐太宗李世民的用人思想中，能力与职位的匹配问题也一直是他关注的重点。他明确提出，要根据实际能力降职使用或提拔、根据能力加以任免，既不允许能力低下者长期混岗，也不容许大材小用、浪费人才的现象存在。

贞观二十年二月，刑部侍郎缺人担任，李世民要执政大臣“妙择其人”，执政大臣们提了几个都不能使其满意，于是他想起李道裕是一个坚持实事求是的人——在处死张亮的问题上，李道裕力排众议，仗义执言，说：“亮反形未具，罪不当死。”这种不惧嫌疑的作为，证明了李道裕为人的原则性，于是李世民深有感触，委任李道裕为刑部侍郎。

贞观二十年六月，李世民欲赴灵州招抚敕越诸部，要太子随行，少詹事张行成上疏说：“皇太子从幸灵州，不若使之监国，接对百僚，明习庶政，为京师重镇，且示四方盛德，宜割私爱，俯从公道。”李世民甚觉妥帖，提拔张行成担任了较高的职务。

而贞观十一年，李世民对治书侍御史刘泊的上书中提到的废除“国戚制”、唯才是用、唯贤是举意见的赞同和大力推行改革，则更具有说服力。

刘洎主要针对尚书省而言，他在上书中说：“尚书省是个日理万机的机构，是处理国家事务的关键部门，因此，寻求尚书省众官员的人选，授予官职，确实是件有难度的事情。一旦官吏任免出错，要职被不称职的人占据了，就会牵一发而动全身。”

他这么说是有原因的。原来，尚书省的诏敕总是拖延滞留，公文都堆满在案桌上了还不能及时得到处理。为此，刘洎大胆地指出：

贞观初年，国家还没有设尚书令、左右仆射等官职时，尚书省的事务非常繁杂，比现在多出一倍以上。当时任左右丞的戴胄、魏征二人都很通晓官吏事务。他们本身胸怀坦荡，品性刚直，大凡遇到应该弹劾检举之事，无所回避。百官懂得自我约束，朝中弥漫着一种庄重严肃的气氛，这都是因为用人得当的缘故。到杜正伦任右丞的时候，也比较能勉励下属。而到了近来，国家的一些重要法纪已不能正常执行了。因为功臣和国戚占据着要位，才不符职，而且彼此又倚仗着功劳或权势相互倾轧。在职的官员，大都不遵循国家的法律准则，虽然有的也想奋发努力，但是一遇到讥谤就害怕得不行。这是尚书省官员效率低下的根源所在。

改变这一现状的办法，刘洎认为，需要选拔众多的优秀人才并授予官职，而且必须非才莫举，精心选任尚书省的左右丞及左右郎中。如果这些重要职务的官员选任真正做到了才职相称，就能消除积弊，国家的法纪就会得到严格实施。

其实当时李世民对尚书省的效率低下也有所闻，这份上书，句句说到了他的心里。于是，奏章上奏不久，他就任命刘洎为尚书省左丞，全力地支持他，让他在那里放手工作，清理积弊。领导者要根据人才的性格特点用人，让合适的人处于合适的位置上，使人尽其能，有效地发挥每一个成员的最大作用。

选用人才，能力固然是首要考虑的，但一个人的能力必须与相应的职位相结合，这就是用人的适合原则。人们的才能不一样，为官者应该了解每一个下级的工作能力、特长和爱好，在安排工作的时候，应该将合适的人放在适合他能力和特长的工作岗位上，因材施用。

善于识人，发现潜在人才

原典

弃玉取石者盲。

意译

弃美玉而取顽石者，犹如瞎子一般。

修身智慧

黄石公说："弃玉取石者盲。"原意是指那些有眼无珠抛弃美玉而取石块的人。其实，人们会抛弃美玉的一个重要原因，是因为玉石在被开发以前，看上去与普通的石块似乎并无太大差别，不容易被人识别。但是，玉石粗粝在外精秀其中，只有那些对玉石有深刻了解的人才懂得如何识玉。黄石公在此即是将识才之术比作识玉之术。

识才，不仅要看到那些锋芒毕露者，更要注意寻找那些暂时默默无闻和表面上平淡无奇，实则很有才华和发展前途者。显露的人才如同人人关注的上林之花，锦绣灿烂，蜚声世间，都欲得而用之。潜在人才则有如待琢之玉，似尘土中的黄金，没有得到公众的认可，没有表现出自己的价值。如果不是独具慧眼的识才者是难以发现的。

千里马之所以能在穷乡僻壤、山路泥泞之中，盐车重载之下被发现，是因为幸遇善于相马的伯乐。千里马如果没有遇到伯乐，恐怕要终身固守在槽枥之中，永无出头之日。许多潜在人才都是被"伯乐"相中，从而得到一个展示才华、发展成长的机会，才获得成功的。

企业家如果想要较好、较快地识别和发现潜在人才，必须注意以下几点：

（1）听其言识其心志

潜在人才都是尚未得志者，他们在公开场合说假话、官话的极少，他们的话绝大多数是在自由场合下直抒胸臆的肺腑之言，是不带"颜色"的本质之言，因而就更能真实地反映他们的思想感情。

（2）观其行识其追求

一个人的行为体现着一个人的追求。一个讲究吃喝打扮的人，所追求的是口舌之福和衣着之丽；一个善于请客送礼的人，所追求的是吃小亏占大便宜；一个干工作不认真，伺候领导却十分周到殷勤的人，所追求的是个人私利。

任何一个人一旦进入了自己希望进入的角色，就会为了保住角色而多多少少带点“装扮相”，只有一般人中的人才，他们既无失去角色的担心，又不刻意寻找表现自己的机会。所以，他们一切言行都比较纯朴自然。企业家如果能在一个人才毫无装扮的情况下透视出他的真迹，而且这种真迹又包含和表现出某种可贵之处，那么大胆启用这种人才，是十分可靠的。

（3）析其作辩其才华

潜在人才虽处于成长发展阶段，有的甚至处在成才的初始时期，但既是人才就必然具有人才的先天素质。或有初生牛犊不怕虎的胆略，或有出淤泥而不染的可贵品格，或有“三年不鸣，一鸣惊人”之举，或有“雏凤清于老凤声”的过人之处。

（4）闻其誉

善识人才者，应时刻保持清醒头脑，有自己的独到见解，不为表面现象所左右。对于已成名的显人才，不应当跟在吹捧赞扬声的后面唱赞歌，而应多听一听反对意见；对于未成名的潜在人才所受到的赞誉，则应留心在意。

这是因为，人大多有“马太效应”心理，人云亦云者居多。大家说好，说好的人越发多起来；大家说坏，说坏的人也会随波逐流。但当人才处在潜伏阶段，“马太效应”与其毫不相干。再者，别人对其吹捧没有好处可得。所以，其称赞是发自内心的，是心口一致的。领导者听到大家对自己的一名普通下属进行赞扬时，一定要密切注意。

总之，既是人才，就必然有不同常人之处，否则就称不上人才。一位善识人才的“伯乐”，正是要在“千里马”无处施展拳脚之时识别出他与一般马匹的不同，如果是“千里马”已在驰骋腾越之中表现出英姿，何用“伯乐”识别？

使民以时，因势用人

原典

逆者难从，顺者易行；难从则乱，易行则理。如此，理身、理家、理国可也。

意译

违反常理，则属下难以顺从，顺应天理，则易于行事。不顺从则易生动乱，易行事则社会安定有序。这样，修身、齐家、治国都可以取得不错的成绩。

修身智慧

黄石公在《素书》中为我们提供了许多精妙的用人智慧，

比如“逆者难从，顺者易行；难从者乱，易行则理”，就是一种因势用人的智慧。

古人云：“三代之际，非一士之智也。”意思是说，在不同的阶段，需要不同的人才提供不同的智谋，如此才能更好地应对时变，只靠某一个或某种类型的人提供的智力支持，是远远不够的。因势用人，应时势的变化而起用不同类型的人才，形成不同的智慧资源，这是用人艺术最精微，也是最玄妙之处。孔子曰：“道千乘之国，敬事而信，节用而爱人，使民以时。”在管理学上，“使民以时”可以引申为用人时应该把握时间，做到因势用人。在因势用人这方面，汉高祖刘邦可谓是做到了极致，他通常能根据不同的时期与形势、不同的人才特点采取不同的用人策略。

刘邦是以霸术而得天下的。在西汉未定时，他依靠韩信、萧何、英布等人的辅助，东征西讨，屡战屡胜，最终打败项羽，建立西汉王朝，即史书上所载“居马上得之”。此时的刘邦，对于所谓“迂腐”的儒生是不屑一顾的，并曾对儒生作出“解其冠，溲溺其中”的行为。

西汉建立后，刘邦对儒生依然十分排斥，一谈到诗、书、礼、乐便心生厌恶。大臣陆贾深通世变，偏偏时常在刘邦面前提起《诗经》和《尚书》，弄得刘邦很不耐烦，大骂道：“老子我提三尺剑，于马背上得天下，要《诗》《书》有何用！”

对此，陆贾则反驳说：“您于马背上得天下，难道就说明您也要在马背上治理天下吗？在古代，商汤王和周武王反对暴虐待人，顺应了天下民心，依靠文人武将共同治理国家。而吴王夫差和中山国的智伯凭借着武力称霸天下，但却不懂得权变，最终因随意使用武力，不断发动侵略战争而败亡。秦国只依靠刑法治理国家，不懂得随着时势的变化而作出改变，最终灭亡。如果当初秦国在统一天下以后，遵循先圣的教诲，实行仁义的政策，您又怎么能够将秦国收归己有呢！如果您还于马背上治理天下，恐怕也不会长久啊！”

听了陆贾的话后，刚刚获得天下不久的刘邦又是惊讶，又是后怕，自己不懂得审时权变，意识不到用人、用术要随时势而变，差点酿成大错。此后，刘邦开始大量起用儒生帮助自己治理天下。

“马背上得天下，不能马背上治之”，争天下与安天下有别，在用人时，自然要遵循不同的方法。刘邦之所以很快地转变自己的用人策略，正在于他参悟了打天下和治理天下需要不同的人才的道理。

《吴子·治兵》说：“教战之令，短者持矛戟，长者持弓弩，强者持旌旗，勇者持金鼓，弱者给厮养，智者为谋主。”吴起这里讲的短者怎样、长者怎样等是从教练作战之法令角度来讲的，其实这里包含着一些用人之道，就是因势用人的问题，即根据人才的个人特点用之，或让持矛戟，或让持弓弩等。这与刘邦的因势用人之道有异曲同工之妙。

因此，用人一定要灵活机动，把握好“势”，只有这样才能合理地分配任务，使下属在一个愉快、轻松的氛围中把工作做到最好。

疑则勿任，任则勿疑

原典

自疑不信人，自信不疑人。

意译

对自己都疑神疑鬼的人，绝不会相信别人；有自信的人，绝不会轻易怀疑别人。

修身智慧

在黄石公看来，多疑与猜忌是为人之大忌。因此他提出“自疑不信人，自信不疑人”的观点。王氏在点评时说：“自起疑心，不信忠直良言，是为昏暗。”不管是夫妻之间、长幼之间、上下之间、朋友之间，多疑与猜忌都会让人们之间的关系变得疏远。带团队做大事的人尤其要注意，领导多疑会使队伍涣散。明朝崇祯皇帝就是这样一个反面典型。

《三垣笔记》中记载了一件事，充分暴露了崇祯的多疑：

有一天崇祯在宫里无意中听到自己最宠爱的田贵妃在独自抚琴，心中十分怀疑，便询问贵妃的琴艺师从何处，贵妃说是母亲自幼教授的。第二天，崇祯立马将贵妃的母亲召入宫中，田母与贵妃对弹，崇祯才释然作罢。

崇祯对于自己的后宫宠妃尚且如此猜忌，对于手下的朝廷重臣、封疆大吏便可想而知了。

他在位17年中，频繁更迭阁部臣僚，多次诛杀督抚大吏，其中总督有7人，巡抚有11人。内阁重臣更是频繁替换，先后用了近50人，也出现了“崇祯五十相”这样一个历史名词。可见崇祯用人多疑，举措乖张，有恩不欲归下，有过全盘推脱。

袁崇焕一案更使崇祯自毁长城。崇祯三年，镇守边关的辽东巡抚袁崇焕被以“谋叛”大罪论死，随着刑场上的千刀万剐，大明江山也随即支离破碎。“自崇焕死，边事益无人，明亡征决矣”。

崇祯的多疑与偏执使得他对朝臣的态度复杂多变。对身担重责的大臣，崇祯通常是先寄予极大的，甚至是超出实际的期望，一旦令其失望之后，又一变而为切齿愤恨，必杀之而后快。崇祯以唯才是用为标准，有讽刺意味的是，居然满朝无可撑局面之人。

多疑是一个领袖最不应该有的气质，因为多疑势必导致对别人的猜忌，而猜忌往往会伤害别人。俗话说：“用人莫疑，疑人莫用。”领导者在不违背团队运行程序和规则的前提下，要信任团队成员，而不是怀疑或否认。如果用人多疑，则“上不信下，下不信上，上下离心，以至于败。”用人，信任人，就可以使被用人与用的人把心思和力量共聚于一个焦点，共同创造伟业，取得胜利和成功。

《资治通鉴·唐纪》记载：有人向唐太宗告发魏征结党营私，太宗就派御史大夫温彦博去查办。几天后，魏征朝见太宗时说，您应当知道，国家的命运与你我是联系在一起的，您把相位交给我，是相信我会诚心诚意地治国，如果我们之间心存疑忌，那么，我们怎么能治理好国家呢？太宗醒悟，承认了错误。魏征在上疏中强调：领导者与被领导者之间相互信任，才能使国家得到大治。管仲为齐桓公治理齐国以成霸业，就在于桓公用而有信。可见，“用人不疑”是古今明哲众口一词的见解。

信任，不是只挂在口中的，而是要把它牢记于心，并且时时处处能做到这一点，这才是领导者的英明。

任人唯亲是用人之大敌

原典

私人以官者浮。

意译

私下买卖官位，让庸碌之辈掌权，就会导致政事虚浮，误国废事。

修身智慧

黄石公在《素书》中强调了领导人在设官任职时必须以公正导航。比如“私人以官者浮”，即设官任职不能出于私心，否则误国废事，官员虚浮不重，事业难成。以公正之心推举官员的人很多，《吕氏春秋》中就记载了这样一个人物。

晋平公要祁黄羊推荐南阳县令的人选，祁黄羊推荐自己的仇人解狐。这让平公觉得十分不解，以为他在搞什么新花样，便把祁黄羊召过来，询问其真实意图。祁黄羊回答道：“国君，您只是问我谁可以担当这个职位，并不是问我的仇人是谁。”晋平公觉得他说得很有道理，便用了解狐当县令，举国上下都很称赞这个任命。

不久后，晋平公又问祁黄羊谁可以担任太尉一职，祁黄羊这次推荐了他自己的儿子祁午。平公一听，又觉得不解，认为他在贪私心，立即询问他为何会推荐自己的儿子。祁黄羊回答：“您只是问我谁可以担任太尉一职，并不是问谁是我儿子。”平公很满意祁黄羊的回答，于是派祁午当了太尉，后来祁午果然成了能公正执法的好太尉。

这个历史故事所揭示的道理，就是所谓的“内举不避亲，外举不避嫌”。孔子听说这两个故事后称赞说：“好极了！祁黄羊推荐人才，对别人不计较私人仇怨，对自己不排斥亲生儿子，真是大公无私啊！”后来，人们就用“大公无私”这个成语，形容完全为集体利益着想，没有一点私心，也可以指处理事情公正，不偏向任何一方。

作为领导者，应该向祁黄羊学习，千万不要因为某人和你不熟就不重用他，更不可用私人交情是否深厚来判断要不要重用一个人，一旦私心作祟，往往就会落人口实，影响自己的声誉和公信力。

历史上的乱政通常有四种情况：宦官篡权、朋党之害、外戚当政与地方势力膨胀。之所以出现这些情况，无非是上位者“私人以官”，其中最典型的就是“为人择官”。为人择官者不问贤愚，不问实际情况，只要是有亲戚或朋友想当官，就算没有这个岗位，或岗位编制已满，他也要新设一个部门或想尽方法把想用的人提拔到岗位上。在这方面，我们又不得不提到唐太宗，他在用人上就坚决杜绝了“为人择官”。他的用人智慧真正体现了一个英明领导人应有的素质。

唐太宗的叔叔李神通自认为为唐王朝打了许多重要的仗，立下了汗马功劳，而且自己又是皇帝的叔叔，在众大臣中，应该是自己的功劳最大。当他一听到功臣名单上把自己排在后面，心里就极为不服气，对唐太宗说：“当初，是我首先起兵响应您，跟随您东征西杀，为您夺得皇位立下了大功。可您今天怎么好像把我的功劳全都忘记了似的，竟然将我排在房玄龄、杜如晦这些人的后面？与我们这些在战场上誓死为国家拼杀的人相比，他们有什么功劳可言？不过就是舞文弄墨、乱写乱画罢了！”

唐太宗笑了，说：“叔叔您虽然首先举兵起义帮助我，可是您忘了，您后来还打了两次大败仗呢！房玄龄、杜如晦他们出主意、定计策，帮我取得了天下，论功劳，理应排在您的前面啊。您虽然是我的至亲，可是我不能徇私情加重对您的封赏啊！那样的话，对其他大臣来说就太不公平了！”听皇帝这么说，李神通也就不好说什么了。

过了一会儿，房玄龄说：“秦王府里的旧人，都是皇上的老部下了，那些没有升官的，难免会有一些怨言。”

对此，唐太宗说："国家之所以设立官职，为的就是选拔有才能的人，替老百姓办事。在这上面，绝不能以新旧分先后。新人有才能的，就要升官赐爵；旧人没有才能的，当然不能提拔。要不然，国家的事情怎么能够处理好呢？"

长孙无忌是唐太宗年轻时候的好朋友，又是长孙皇后的哥哥，有才能又曾立过大功，唐太宗就任他为当朝宰相。长孙皇后知道了，怕别人说闲话，就劝唐太宗不要给哥哥那么大的官职。

"你这样想不对。我任用你哥哥，是因为他有做宰相的才干，不是因为他是我的亲戚。"最后唐太宗还是坚持让长孙无忌做了宰相。

任人唯亲是用人之大敌。无数事实表明，任人唯亲、拉帮结伙、互相串通、以权谋私，是导致事业失败的重要原因。任用人才唯才是用，而不是唯亲，否则将会导致机构膨胀，人浮于事，情况更严重的话，就会产生动乱。

人事任用时，居上位者决不可以徇私。不可以依据个人好恶决定任用与否，而要以"能否胜任"为准则。这是一个基本条件。不能说"这个人能干是能干，却令人讨厌"，或者"他虽然没什么本事，却是我欣赏的类型，就让他做科长吧！"。领导者一定要把情形搞清楚，就算从心里讨厌他，也要唯才是举，让人事任用公平公正。这是人事工作上的基本要求。唯有不徇私的态度，才能获得其他员工的接受。

而任人唯亲，就是不考虑才能如何，仅仅选用那些与自己感情好、关系密切的人。其表现形式有三：一是"以我画线"。谁赞同他、拥护他、吹捧他，就提拔谁。"顺我者存，附我者升"，把自己领导的单位搞成"一人得道，鸡犬升天"

的“封地”。二是“唯派是亲”。凡事帮朋助友，不管朋友是否有德有才，都优先加以考虑。三是“关系至上”。

如何才能做到任人唯贤？作为管理者必须要把握住两个基本点：

第一要有“公心”。关键在于无私，无私是选贤才的前提。对于这点，中国古代的先哲孔子看得十分清楚。他说：君子对天下之人，应不分亲疏，无论厚薄，只亲近仁义之人。这就是说，在人才问题上，应该不计较个人恩怨、得失，而只考虑国家的利益、民众的利益。其实质就是在选才上无私，对能力强于自己、品德贤于自己的人，要加以举荐，或使他来代替自己，或使他居于自己之上。在选才上无私，就是要抛弃个人成见，客观地对他人做出评价；即使对其并不喜欢，也绝不以私害公、以私误公，而应毅然选拔。

第二是公而忘私、虚怀若谷，有很高的素质，能够不计较个人恩怨和得失。聪明的中国古代哲人说过：“一人得道，鸡犬升天。”尽管一些企业的管理者也反对裙带关系，可是选拔人才时却不自觉地搞亲亲疏疏，其中原因是他们总凭个人的私欲、私情来举贤选才，这就偏离了公正客观的选才标准，发展下去，势必会出现小人得势、贤才失势的局面。

“心底无私天地宽”，只有领导者具有较大的品格影响力，我们的事业才会有顺利、成功的保障。而这一影响力来源于正气、正义和正派的作风。作为领导者不要以自己的权力和地位来实现自己的个人追求，要用权为公，而不能以权谋私。

多许少愿，所属离心

原典

行赏吝色者沮，多许少与者怨，既迎而拒者乖。

意译

奖赏属下时吝啬小气，则会令人沮丧、失望；许诺多，实际兑现少，必然招致众人的埋怨；起初热情欢迎，之后又将人拒绝的做法，必然会使双方的情义断绝。

修身智慧

奖赏是一门艺术。对于下级而言，并非所有的奖赏都是激励。如果领导者在奖赏中不公平，对奖赏的时机把握不当，反而会将好事变坏事。一般来说，要做到正确奖赏有几项基本要求：

首先，君臣能共享成就。如果君主将所有的功劳业绩都揽在自己身上，臣属的积极性就会大大受挫，最终导致所属离心。

如越王勾践用范蠡、文种灭吴称霸。后勾践于会稽大宴群臣，满座皆欢独有勾践面无喜色。坐下的范蠡见了便叹：“越王不想将灭吴的功绩与臣下共享。他日越王必会对当初的功臣产生疑忌。”第二天，范蠡便乘扁舟入五湖而去。

与大家分享劳动成果其实就是所谓的“与天下齐利”。臣下的成果其实就是君主的收获。与下级共享成果，于上司不会有丝毫损失，对下级则是莫大的激励，他们的工作也会更积极主动。因此，一个乐于分享成果的领导者，一个有“与天下齐利”精神的人，才能获得长足的发展。

当年项羽进关中后，一路上杀死秦降军20多万，屠杀咸阳人民无数，杀死秦降王子婴。烧宫室，杀兵士，抢夺财宝和妇女，使秦民大失所望，由此也埋下了他失败的种子。但刘邦却能做到与秦民约法三章，“与天下齐利”，赢得了民心，最终问鼎中原。从刘邦、项羽不同的利益分享方式而导致的不同人生结局中，居上位者应当对“与天下齐利”有更进一层的领悟。

总之，君主成就功业时，别忘了为你打下江山的下属们，设法让他们分享你的利益，让他们也有所晋升，或得到一些奖励，这才是对他们最大的关心。

其次，领导者还要注意及时兑现承诺。信誉是人无形的财富，“多许少愿”，会削弱人们对你的信任。因此，许下承诺就要兑现，这是做人的学问，也是处理好君臣关系、树立自己威信的原则。

可是，不少上司所做的最糟糕的一件事就是爱许诺，可却又偏偏不珍惜这一诺千金的价值，在听觉与视觉上满足了下属的期望之后，又给下属留下了漫长的等待与终无音讯可闻的失望。这种轻易许诺而又没有想到要按时兑现的习惯，是一个组织内部关系的最可怕的腐蚀剂。而诺言的承兑让所有等待了许久的人有一种心满意足的喜悦，更坚定了他们未来就在手中的信念，领导者也将成为众人关注的焦点，伸向领导的不再是讨要报偿的大手，而是热情的、助领导者发达的有力臂膀。

难以实现的诺言比谣言更可怕。它骗取了人们的真心。一旦员工产生了不信任领导者的心态，领导者的权威便消失了。赤裸裸的雇佣关系会让领导者觉得自己置身于一个由僵硬的人际关系构成的组织环境之中，这无益于公司的发展。

最后，领导者还要注意在物质上给予下属激励，切不可“薄施厚望”，对他们过多要求而忽略了他们最基本的需要。合理的物质奖励才是激励下属最直接最有效的方法。

宁找愚人，不用小人

原典

决策于不仁者险。

意译

做决策时，向仁德缺失者咨询，是一件非常危险的事情。

修身智慧

司马光曾经说过，如果君主找不到圣人、君子来辅佐自己，那么宁可找一个愚人，也绝不能任用小人，因为“决策于不仁者险”。君子把才干用到善事上，而小人却会用才干来作恶。

黄石公认为，如果一个君主依靠那些残忍无情的小人作决策，就会有毁身灭亡的危险。历史已经证明“决策于不仁者”而致身死亡国的经验。司马光在《资治通鉴》中劝诫道：小人们寡廉鲜耻，无论是才华，视野还是胸襟都无法与贤才相比，这样的人必然会生出事端。

公元前645年，为齐桓公创立霸业呕心沥血的管仲患了重病，齐桓公前去探望，顺便和他商讨谁可以继任相位。齐桓公提出易牙和开方、竖刁作为人选，因为易牙曾为满足齐桓公的要求不惜烹了自己的儿子；开方为侍奉他，父亲去世也不回去奔丧；竖刁自残身体来讨好齐桓公。但管仲认为易牙没有人性、开方不尽孝道、竖刁违反人情，都不会忠心于齐桓公，于是向他推荐了为人忠厚、不耻下问、居家不忘公事的隰朋，说隰朋可以帮助国君管理国政。遗憾的是，齐桓公并没有听从管仲的话。

不久，管仲病逝。齐桓公不听管仲病榻前的忠言，重用了易牙等三人，结果酿成了一场大悲剧。两年后，齐桓公病重。易牙、竖刁见齐桓公已不久于人世，就开始堵塞宫门，假传君命，不许任何人进去。有一宫女乘人不备，越墙入宫，探望齐桓公。齐桓公正饿得发慌，索取食物，宫女便把易牙、竖刁作乱，堵塞宫门，无法供应饮食的情况告诉齐桓公。桓公仰天长叹，懊悔地说：“如死者有知，我有什么面目去见仲父？”说罢，用衣袖遮住脸，活活饿死了。一代霸主就这样殒命于小人之手。

明英宗宠信宦官王振一事也是极好的例子。王振在入宫以前是一个教书先生，后因生计无门而自阉当起宦官。教书失败的王振入宫以后无疑是一位极成功的宦官。因为他得到了明英宗的极度信任，凡是他所言，英宗无不听信。仗着皇帝的信任，王振成为明代第一个专政的宦官，擅权干政，结党营私。

后来，明英宗竟然在瓦剌首领也先来犯时，让这个连作战为何物都不知的太监领兵作战。王振不仅在指挥军队时一意孤行，错漏百出，而且还与瓦剌勾结，收受贿赂。明英宗还采纳了王振的建议，亲征。兵部尚书邓禁、侍郎于谦、尚书王直等苦谏无果。最终，犯了“决策于不仁”错误的明英宗在土木堡一役中做了瓦剌的俘虏。明军全军覆没。

与明英宗不同，前秦君主苻坚虽然在历史上备受争议，但是他起用王猛一事一直是历史上的美谈。王猛被后世称为“关中良相”，与东晋名相谢安齐名。王猛出身贫贱，为人不善言辞。但是他深沉刚毅，志向远大。正是因为看到王猛和自己志趣相投，苻坚不顾身份，对其委以重任。并且对王猛言听计从，王猛成为苻坚壮大实力的法宝。

可见，只有贤良的人才能辅佐领导者开创盛世。

黄石公认为，只有“瘴恶斥谗”才能拨乱反正。因此，为官者要能够慧眼识出小人，一般来说，小人多具有以下特点：

喜欢踩着别人的鲜血前进。也就是利用你为其开路，而你的牺牲他们是不在乎的。

喜欢找替死鬼。明明自己有错却死不承认，硬要找个人来背罪。

喜欢造谣生事。他们的造谣生事都另有目的，并不是以造谣生事为乐。

喜欢挑拨离间。为了某种目的，他们可以用离间法挑拨你和别人的感情，制造你们的不合，从中取利。

喜欢阳奉阴违。这种行为代表他们这种人的行事风格，因此对你也可能表里不一。

喜欢“墙头草，随风倒”。谁得势就依附谁，谁失势就抛弃谁。

喜欢落井下石。只要有人摔跤，他们就会追上来再补一脚。

喜欢拍马奉承。这种人虽不一定是小人，但很容易因为受上司宠爱，而在上司面前说别人的坏话。

小人最擅长“潜伏”，他们使用阿谀奉承等手段，取得你的信任，当他们的羽毛丰满起来后，其真实嘴脸就会暴露出来，说不定会对有知遇之恩的你反咬上一口。

所以，我们一定要睁大自己的慧眼，留意自己身边一味顺着自己意志说好话的人，切不可因为他说的都是自己爱听的话就重视他、依赖他，那样做无异于养虎为患。

小人类型的下属会给领导的事业造成破坏性的影响。那么，如何管理下属中的小人呢？下面是一些管理小人的具体方法：

（1）以柔克刚

这也是成熟老练的领导常用的手段。管理者可能会遇到下属中的小人与团队决策作对，表达他们的抵触或不满的情况，这不仅会分散领导的精力，也可能损害领导的威信。

在这种情况下，不加以处理是绝对不行的，但如果用强硬的行政手段去压服他们，往往会使事态扩大，矛盾激化，这就需要运用“以柔克刚”的策略。

（2）杀鸡儆猴

面对众多的下属中的小人，全部处理不可行。为求简便，就要运用“杀鸡儆猴、敲山震虎”的策略，集中精力抓住个别害群之马，严肃处理，以告诫其他人服从指挥，保证整个领导决策顺利地进行。

(3) 调虎离山

某些下属中的小人往往依附于某些有权势的人，其自身也可能具备一定的能力。领导如果运用权力来压服他们，会付出很大的代价。因为这“虎”不同于杀鸡儆猴中的“鸡”，“鸡”是领导和下属都讨厌的人，而“虎”则有着一定的群众基础，所以运用“调虎离山”的策略可以收到事半功倍的效果。

(4) 分而治之

当下属中的小人互相勾结，狼狈为奸，成为集团组织时，管理者就应该采取“分而治之”的策略。这种策略的高明之处就在于通过各种灵活巧妙的方式方法，将下属中的小人群体划归成若干个互相连接又互相制约的子系统，从而避重就轻，使庞大的规模效应消失于无形之中，从而对他们实行有效地治理和控制。

总之，治理小人首先要建立管好下属的机制，在制度的前提下，领导再根据各种下属的出格行为发动不同的个性攻势。

忠言逆耳，要仔细聆听

原典

听谗而美，闻谏而仇者亡。能有其有者安，贪人之有者残。

听到谗言就十分高兴，听到逆耳忠言就心生怨恨，这样国家必然灭亡。各人满足于其所拥有的，则社会安定有序，若贪得无厌，总是贪求别人所拥有的，人民会变得残暴，社会就会产生动乱。

修身智慧

为人主者通常容易犯三个错误：一是好色，二是好利，三是好谀。尤其是“好谀”，即好听阿谀奉承之话，这几乎是所有居上位者都会犯的错误。昏庸的统治者自然好谀，如商纣好谀，因此杀了忠义直谏的箕子、比干等人，朝中尽余谄媚奸佞之徒。如此美谗仇谏的君主在位，《素书》称“其国必亡”。后来武王伐纣的事实也证明了黄石公的经验正确。

其实，有时候英明的君主也会犯“听谗而美，闻谏而仇”的错误。即使英明如唐太宗，也有一次听了魏征的良言而感到不悦。

贞观四年，天下“升平”。有大臣上书请求李世民封禅，在泰山祭告天地。李世民也认为事业已有成，便接受了大臣们的意见，同意封禅，独有魏征坚持认为时机未到。

太宗听了魏征的谏言很不高兴，他质问魏征是不是觉得自己不够资格。魏征回答：“皇上功业虽高，但是百姓受到的恩惠却不够多；您的德行虽深厚，但恩泽还没有及于所有的人；当今天下虽已太平，但仍是百废待举，财力还不十分充裕；粮食虽然丰收，库存还比较空虚。这时怎么能向天地报告功业呢？再说封禅是大事，四邻各国酋长都得随从庆贺，那样耗费将是极大的！况伊、洛以东地区，至今十分荒凉，这不等于向四方各国展示虚弱，滋生图谋中原之心吗？”

唐太宗被他说得哑口无言，心里很不舒服。但太宗毕竟是一代明君，因此虽然心头不快，但也只得作罢。这样一来，国家的一大笔开支就被节省了下来。

或许有很多人都明白逢迎的话不能多听，但谗言之所以比忠言更容易入耳，正是因为进谗言的小人们“善揣摩人主之意而中之”，而忠臣所进之言总是“推逆人主之过而谏之”，因此小人的谗言合人主心意，讨人喜欢，忠臣的谏言逆人主之意而招来怨恨。这就出现了“听谗而美，闻谏而仇”的情况。

对领导人而言，应该把下属的批评看作改进自我、完善个性、克制情绪、提高心理承受力以及激发斗志的机会。不要把他人的善意批评，想象成对自己的人身攻击；切忌把他人的意见，误会为给自己难堪。善意的批评是人生中不能缺少的，它是助人成长的重要动力。

忠言虽逆耳，但要仔细聆听，了解他人的批评是否具有建设性。它能让你变得足智多谋、沉稳成熟。若懂得冷静聆听批评，既能保持情面，又对加深上下级之间的沟通与协作具有积极的作用。固然有些批评是尖酸刻薄的，你也要淡化处理，这样他人才会越来越愿意给你以忠言和卓见。所以，要学会把他人的批评当成良药，乐于接受并且遵照执行。

潜居抱道，以待其时

——隐忍的智慧

小不忍则乱大谋

原典

安莫安于忍辱。

意译

忍辱负重，这是最安全的方式。

修身智慧

老子曰："大直若屈，大智若拙，大辩若讷。"因此身处逆境之时，应通晓时事，沉着待机，这才是智者的做法。"伏久者飞必高，开先者谢独早。"只有长久潜伏修智，才能成就大事，才能一鸣惊人。与老子所言相呼应，黄石公在《素书》中提到："安莫安于忍辱。"认为一个人如果不能忍耐，控制不住自己情感的冲动而鲁莽行事，就可能进一步陷入苦痛与困难中。一个人如果懂得了这个道理，也就通晓了忍的功效。

杜牧《题乌江为庙诗》中说："胜负兵家不所期，包羞忍辱是男儿。江东子弟多豪俊，卷土重来未可知。"此诗婉转地批评了项羽。他如果当时知忍能忍，并抱定这种信念，忍而后发，卷土重来未必不成。《说苑·丛谈篇》写道：“能够忍耻的安全，能够忍辱的可以生存。”因此黄石公才劝导世人，想要成大事则须忍得一时之辱。

西汉时的韩信，淮阴人，家里贫穷，没有事干，他便在城下卖鱼。肉铺里有个人欺侮韩信说：“虽然你长得高高大大的，还老喜欢带着把剑游来荡去，其实只是个胆小鬼罢了。”并且当众辱骂韩信说：“你如果不怕死，就刺我一剑；如果怕死，就乖乖地从我裤裆下钻出去。”此时周围的人都非常气愤，纷纷叫嚷着让韩信宰了这个狂妄的小子。韩信仔细看看，想了一下，俯身从那人裤裆下爬了过去，全街的人都笑韩信怯懦。

后来，滕公向刘邦说起韩信，开始时刘邦对他并没有很好的印象，因而也就没有重用他，所以韩信感到无用武之地就偷偷地逃跑了。萧何亲自追他，并对汉高祖说：“韩信是无双的国士，你要争得天下，非要韩信不可。要拜请他，选一个日子，要斋戒、设立坛位、完备礼教才行。”刘邦答应了他。拜韩信为大将军。到刘邦取得天下之后，韩信被封为齐王，位列淮阴侯。

忍可以促使一个人身心成熟，以便大展宏图。

所以，如果有大志向，就不要纠缠小事的过节，当忍则忍。如果什么事情都不想忍耐，什么亏都不想吃，这样的人势必会在一些小的过节中浪费很多的精力，他的生活中也会是非不断。只有适当的忍耐，才能养精蓄锐，给自己足够的时间和空间，去实现更大的梦想。当然，在没有足够实力的时候，更加需要忍耐。因为弱者的生存之道就是隐忍。

清代金兰生《格言联璧·存养》中说：“必能忍人不能忍

之触忤，斯能为人不能为之事功。”《菜根谭》中有一句话：“处世让一步为高，退步即进步的根本；待人宽一分是福，利人实利己的根基。”忍住自己的私欲、怒火，实际上是帮助你自己成就大业。

楚汉相争，刘邦由于势力较弱，经常打败仗。汉四年，刘邦兵败，被项羽围困在荥阳。

刘邦的大将韩信亲自率领一队军马北上作战，捷报频传，接连攻下魏、赵、燕各国，最后又占领了齐国全境。

韩信派使者来见刘邦说：“齐人狡诈反复，齐国又与强大的楚国为邻，如果不设王进行威慑，不足以镇压安抚齐地百姓，请大王允许我暂时代任齐王。”

刘邦一听，勃然大怒，破口大骂：“我现在被围困在荥阳，日夜盼望你韩信带兵来增援，你不但不来，反要自立为王！我……”此时的刘邦只看到自己所处的危险境况，全然没有了王者该有的风度，把自己的本性暴露无遗。

正说着，刘邦感到自己的脚被人狠狠踩了一下。他发现坐在他身旁的张良向他使眼色，便止住了下面一连串骂人的话语。

张良清楚地知道韩信是当世首屈一指的将才，眼下又拥有强大的兵力，举足轻重。刘邦如果现在与韩信翻脸，会对他大大不利；反过来，如果能调动韩信的兵马，就能给楚军以沉重打击，使楚汉对峙的局面向着有利于自己的方向转变。

因此，张良靠近刘邦，悄声说：“大王，韩信手握重兵，投靠大王则大王胜，投靠项羽则项羽胜，我们对他的要求要慎重考虑。”

刘邦气还没消，不高兴地冲着张良说：“那你说怎么办？

难道就被韩信挟持不成？”

张良说：“现在我们正处于危急时刻，把关系弄僵，他自立为王，我们也毫无办法。把他逼急了，他一旦与项羽联手，大王就麻烦了！不如趁势正式立他为王，调动他的军队攻击楚军。请迅速决断，迟则生变！”

刘邦毕竟是非常聪明的人，听了张良的话，马上恢复了理智，但他故意接着刚才的口气骂道：“男子汉大丈夫，要做齐王就做真齐王，做什么代齐王！”

刘邦当即下令派张良为使节，带着印绶到齐地去，立韩信为齐王，并征调韩信的军队攻打楚军。局势很快发生了重大转折：汉军由劣势转向优势，逐渐对楚形成了包围之势。

后来，刘邦终于在垓下全歼楚军，赢得了楚汉战争的最后胜利。应该说，刘邦在隐忍方面做得非常好。如果刘邦没有隐忍，那么后果不堪设想。

苏轼在《留侯论》中对于“忍”也有精辟的见解，他认为，有远大志向的人，不会为一点小事去与人争斗，这样做不仅无助于事业，而且可能会伤害到自己。对于无故降临到自己头上的灾难与屈辱，我们应该采取的态度是不惊、不怒。

同时苏轼还认为，汉高祖刘邦之所以战胜项羽夺取天下，而项羽却自刎乌江，其根本就在于能忍与不能忍之间。项羽不能忍，所以“百战百胜，而轻用其锋”；而刘邦能忍，他知道羽翼不丰满不可以高飞，所以耐心地积蓄力量与项羽周旋，等待破敌的最佳时机，最后大获全胜。

“小不忍，致大灾”，“忍一时之气，免百日之忧”。古往今来，人世间多少憾事、多少不幸、多少悲剧，皆因人与人之间争强斗胜，不能相互容忍而发生。

聪明的人总是懂得礼让，因为礼让能带来幸福。很多时候，两强相遇，狭路相逢，双方如果能够明智地各退一步，那么，大家就都有条生路，还有可能赢来生命中的另一个契机。忍让，是在诠释包容中以退为进的智慧与力量。懂得忍让，可以利人利己，实现共赢。

隐忍与奋发，关键在“度”

原典

故潜居抱道，以待其时。

意译

当时机不对时，能够及时退隐，坚守正道，等待时机来临。

修身智慧

对于隐忍与奋发的关系，黄石公在《素书》中也作了分析。他认为，当时机未到或者条件不利时，应该学会“潜居抱道”。即要学会隐忍；而一旦机会来临，时机成熟，就必须果断行动，奋发向上。

现实生活中，许多身怀绝技的人都显得谦虚谨慎，把自己的“绝世武功”隐藏得非常严密。其实，这么做的主要原因就是想“不鸣则已，一鸣惊人”。这里所谓的“既会隐忍，又能奋发”，实际上就是该藏则藏，该露则露，这就牵涉到一个“度”的问题。隐藏只是为了更好地释放，预示着他们正在寻求有利的释放时机，一旦时机成熟再充分地表现自己，使自己脱颖而出，成为众人的焦点。

三国时期，庞统是与诸葛亮齐名的能人。但庞统天生怪异、相貌丑陋，因此不太招人喜欢。他先投奔吴国，孙权嫌他相貌丑陋没有留用他。

于是，庞统便投奔了蜀国的刘备。临行前，孔明交给庞统一封推荐信，表示一旦刘备见此推荐信定当重用他。

可是庞统见到刘备时并没有将推荐信呈上，而是以一个平常谋职者的身份求见，因此，刘备只让他去治理一个不起眼的小县。

虽然如此，身怀治国安邦之才的庞统，并没有为此而耿耿于怀，他深知靠人推荐难掩悠悠之口，他要在该露脸的时候才露脸。

于是，庞统当着刘备的心腹、爱弟张飞的面，将一百多天积累的公案，用不到半日就处理得干净利索、曲直分明，令众人心服口服。

庞统这种该藏则藏、该露则露，既会隐忍、又能奋发的做人方式，使得他步步高升，不久便被刘备提升为副军师中郎将。

苏秦曾随鬼谷子学游说术多年。后辞别老师，下山求取功名。

苏秦先回到洛阳家中，变卖家产，然后周游列国，向各国国君阐述自己的政治主张，希望能施展自己的政治抱负。但是，当时没有一个国君欣赏他，苏秦垂头丧气地回到洛阳。洛阳的家人见他如此落魄，都不给他好脸色，连苏秦央求嫂子做顿饭，嫂子都不给做，还狠狠训斥了他一顿。苏秦从此振作精神，苦心攻读。他把头发束住吊在房梁上，用锥子刺自己的腿。“头悬梁，锥刺骨”便由此而来。

一年后，苏秦掌握了当时的政治形势，开始二次周游列国。这一次，他终于说服了当时的齐、楚、燕、韩、赵、魏六国“合纵抗秦”，并被封为“纵约长”，做了六国的丞相。此时的苏秦衣锦还乡后，他的亲人一改往日的态度，“四拜自跪而谢”。

沉潜的日子相当于长长的助跑线，能够让你飞得更高、更远。所有的成就绝不是一蹴而就的。只有静下心来日积月累地积蓄力量，才能在机遇到来时乘势而起。处逆境，当做潜龙，一朝时机成熟，便可飞龙在天。

虽然黄石公强调君子要懂得“潜居”，但这种“潜居”的同时必须“抱道”，其目的是“以待其时”。因此，“潜居”并不意味着彻底放弃。也就是说，无论是在职场还是在官场，当遇到挫折、打击，身处逆境时应清醒地知道如何应对，想要有所作为，就要经受得住现实的考验，必要的时候，做到败而不馁，隐而不退。

为人处世既要能隐忍，又要能够瞅准时机奋发。只有懂得权衡轻重的人，才能维护自己正当的利益。

齐国的相国晏子，将出使楚国。楚王知道这个消息后，便对他左右的人说："晏婴是齐国很善于言辞的人，现在正动身来楚国，我想侮辱他，用什么办法呢？"左右的人出了个主意。晏子来到了楚国，楚王举行酒宴来招待他。正当大家酒兴正浓的时候，两个差人捆着一个人，走到楚王的面前。楚王故意问道："你们捆绑的这人，是干什么的？"差人回答说："他是齐国人，犯了偷盗罪。"楚王笑嘻嘻地望着晏子，说："齐国人本来就善于偷盗，是吗？"

晏子站起身来离开座位，郑重其事地回答道："我曾听说过这样一个故事：橘树生长在淮河以南是橘树；生长在淮河以北就成了枳树。橘树和枳树虽然长得很像，但它们结出的果实的味道却不大相同。橘子甜，枳子酸，为什么呢？由于水土不同啊！如今，在齐国土生土长的人，在齐国时不做贼，一到楚国就又偷又盗，莫不是楚国的水土使老百姓习惯于做贼么？"楚王听后苦笑着说："德才兼备的圣人，是不能同他开玩笑的，我现在是有些自讨没趣了。"

晏子面对楚王的侮辱与人身攻击，并没有选择忍气吞声，而是坚定地给予了回击，用言论维护了自己与国家的尊严。

所以说，为人也不可过于宽厚，面对他人的无理挑衅时，不要一味忍让，要懂得捍卫自己的尊严与利益。这就是这个故事要告诉我们的道理。那么，如何掌握忍让这个度呢？它要求有一种对具体环境、具体情况做出具体分析的能力。在牵涉个人尊严、人格、权益的事情上不要忍让。当别人出于恶意损害你的个人利益时，你还一味地忍让，这就是缺乏自尊、软弱无能的表现了。

在现代社会，我们每个人都应当学会利用法律、政策以及其他有效办法来维护自己的合法权益，捍卫自己的尊严，这是现代人在社会求生存、求发展必须学习的内容。我们不是不能谦和，不是不能与他人和谐共处，只是需要在维护自己和他人利益的同时，做出正确恰当的选择，恰当掌握忍让的度。

人要学会隐忍，但需掌握分寸。分寸掌握得当，便可保全自己的利益。分寸掌握不当，最初的坚忍就可能成为懦弱。所以，做一个聪明的隐忍者吧，这样生活才会更加从容和快乐。

真人不露相，露相非真人

原典

括囊顺会，所以无咎。

意译

谨言慎行，举止顺应大局，这样才能远离纠纷，免遭祸患。

修身智慧

古语有云："假作真时真亦假，无为有处有还无。"世间之事，真真假假、虚虚实实总是难以分辨。孙武在《孙子兵法》中多次强调的作战谋略，其实便是对这种真假虚实的巧妙利用：敌方的使者措辞谦卑却又在加紧备战的，是要准备进攻；措辞强硬而军队又做出前进姿态的，是要准备撤退；轻车先出动且部署在两翼的，是在布列阵势；敌人并未受挫而来讲和的，是另有阴谋；敌人急速奔跑并排阵的，是企图约期同我决战；敌人半进半退的，是企图引诱我军。

其实，不论是敌方放出的烟雾，还是我方采取的谋略，意图都是制造一种假象，产生一种雾里看花的效果，使对手猜不透自己真正的目的是什么。此种举动，于战场上可称之为"笑里藏刀"，用黄石公的话叫"顺会"，即顺应时势，但应韬光养晦，将自己行动背后的真实意图巧妙地隐藏起来，为自己涂上一层"保护色"，低调、谨慎地进行自己的计划，才能让人们疏于防范，才能增加获得成功的可能。清朝皇帝康熙就深谙此理。

康熙皇帝即位时才8岁，朝政由4位顾命大臣辅佐，其中以鳌拜最为专横，他根本没把小皇帝放在眼里，贪赃枉法，自行其是。心计过人的康熙早有除去鳌拜的打算，但碍于他大权独揽，一招不慎恐怕会引来杀身之祸，绝对不能轻举妄动。

于是，康熙把一些满洲贵族子弟召进宫里练习武艺，鳌拜见小皇帝终日沉迷于小孩子们打打闹闹的游戏，果然放松了警惕，认为康熙胸无大志，不足为虑。康熙感到自己手下的这支摔跤队伍武艺已算纯熟，便做了一番周密布置，传鳌拜入宫。

疏于防范的鳌拜居然饶有兴趣地指点孩子们的摔跤技术，突然之间便全身受制，被掀翻在地。康熙拿出藏在袖中的匕首，一刀刺进鳌拜的胸中。鳌拜被擒，康熙剪除了他的一干党羽，终于得以亲政。康熙在位60年，成为清代很有作为的皇帝。

康熙在少年时便表现出了过人的勇气与智慧。“大勇若怯，大智若愚”，他将自己的内心深深隐藏起来，表面上沉溺玩乐、不思进取，实则韬光养晦，不断地提升自己的实力，最终一举消灭了鳌拜这个亲政路上的绊脚石。

要想做个真正的强者与智者，就需要做到“真人不露相，露相非真人”。聪明人都很谨慎，不会轻易暴露自己的真实意图。那些“菜鸟”则往往因为修行未够，而在不知不觉间自毁前程，令人叹惜。

有一个叫刘干的大学毕业生被分到一家研究所，从事标准化文献的分类编目工作。他认为自己是学这个专业的，自以为比同事懂得多，所以信心十足，想要在自己的岗位上干出一番惊天动地的事业来。

刚上班时，领导摆出一副“洗耳恭听”的虚心姿态，这让他受宠若惊，觉得无论如何都要不辜负领导对他的殷殷期望。他头脑灵活，喜欢思考，很快就发现了研究所里存在的一些弊端。他冥思苦想，没几天便发表了不少意见，每次得到的答复总是：“你的意见很好，我会在下次会议上提出来让大家讨论。”可结果呢？不但没有一点儿改变，他反倒成了一个闲置的“花瓶”，一年中，领导竟没给他安排什么具体工作。

他很不满，对领导的平庸和懦弱也很不服气，在一次全体大会上，他建议实行竞争上岗的制度，真正做到“能者上，庸者下”。会议结束后，他突然发现，自己变成了一个处处惹人嫌的主儿。后来，一位同事悄悄对他说：“我当初也同你一样，你还是换个单位吧，在这儿你别想有出息，你把所有人都得罪了。”于是，一段时间后，他调走了。走时，领导拍着他的肩头，说："太可惜了！我真不想让你走，我还准备培养你当我的接班人呐！"刘干捉摸不透"太可惜"三个字的意思是什么，想来肯定含有"不该锋芒毕露"的意思。

没有人不想出人头地，每个人都有自己的"野心"，但是切忌太过外露。只有当你将自己深深隐藏起来的时候，才能减少各种人为的阻力，成功才更容易些。

天道酬勤，坚持到底

原典

橛橛梗梗，所以立功；孜孜淑淑，所以保终。

意译

坚定不移、刚正不阿，才能建立功勋。勤勉不怠、温雅善良，方能善始善终。

修身智慧

《素书》中的这四句话可以总结为四个字：持之以恒。

天道酬勤。凡事只要坚持到底、始终如一，没有解决不了的困难。只要你兢兢业业、坚持不懈，成功的道路上，便会有你的身影。

“橛橛梗梗”是成功应有的韧性，“孜孜淑淑”同样是达成目标所必须坚守的原则。这条原则提醒人们，人生多成于慎而败于纵。许多人在做事时，开始比较谨慎，过不了多久，就松懈下来了；有的人对大事、难事比较谨慎，对小事、容易事就会疏忽。

有俗语说：“行百里者半九十。”就是指事物进展到尾声时切勿疏忽大意，以防前功尽弃。战国时，秦国国富民强，气势最盛。秦武王以为从此可以高枕无忧，便以骄色示人。一谋士见势不妙，便进言提醒武王道：“诗曰：‘行百里者半九十’，指的是把持到最后关头最为困难。今天的霸业是否能成，还得看各方诸侯是否出力，然而大王现在就沾沾自喜，以骄色示人，而忽视图霸的准备，若让他国知道了，受诸侯攻击的恐怕非楚而秦了。”但秦武王没有听从谋士的劝告。因此，他的霸业只维持了短短的四年。

在施政方面，真正做到善始善终、居安思危的，要数唐太宗李世民。太宗常对左右说：“治国之心犹如治病。病人希望尽快痊愈，求医心切。如果病人能认真听从医生的嘱咐，配合治疗，病就痊愈得快，反之，恐怕就要加快病情恶化，甚至丧命。治国也是同理，要想保持天下安定，就得事事谨慎。若在关键时候有疏忽，必招亡国之祸。现在天下的安危全系于我一人肩上，因此，我要慎重地警惕自己。即使臣下歌功颂德，我尚需检点自己的言行，加紧努力。”唐太宗这番话，正是“孜孜淑淑，所以保终”的最好解释。

著名哲学家冯友兰先生谈到，“我们在一生中，所想做的事不一定都能成功，而尤其是新兴的事业，那更没有把握了。……所以我们无论做什么事，遇到失败，千万不要灰心，仍然要继续做下去。”他也正是秉持着这份坚持，才收获了在哲学领域的成功。

其实，他曾经历的也和绝大多数的人一样：做一个开始的决定，总是很容易。但当事情逐渐地发展下去时，人们会发现越来越多的问题出现了：没有时间、外界干扰、条件不允许……分歧也在此产生。很多人开始动摇，开始心存疑惑：我真的能做完这件事吗？接着，开始气馁、灰心丧气，随后便是退缩与放弃，成功就此夭折。冯友兰先生则不同，他和其他获得成功的人一样，面对诸多的阻挠与困难，仍然坚持不懈地继续下去。

很多时候，成功并没有想象中的那么遥远。清代郑板桥有诗云：“咬定青山不放松，扎根原在石岩中。千锤万击还坚劲，任尔东西南北风。”天道酬勤，只有咬定青山不放松，才会有所收获。“冰冻三尺，非一日之寒。”从这个自然现象中就能体现出恒心来，一日曝之，十日寒之，成功的概率，几乎等于零。没有人可以轻易取得成功，即使是如今被看作传奇人物的张艺谋，也曾经历过痛苦的挣扎。

拍《红高粱》的时候，为了体现剧情的氛围，张艺谋亲自带人去种一块100多亩的高粱地；为了“颠轿”一场戏中轿夫们颠着轿子踏得山道尘土飞扬的镜头，张艺谋硬是让大卡车拉来十几车黄土，用筛子筛细了，撒在路上；在拍《菊豆》中杨金山溺死在大染池一场戏时，为了给摄影机找一个最好的角度，更为了照顾演员的身体，张艺谋自告奋勇地跳进染池充当“替身”，一次不行再来一次，直到摄影师满意为止。

1986年，摄影师出身的张艺谋被吴天明点将出任《老井》

一片的男主角。没有任何表演经验的张艺谋接到任务后，二话没说，就下农村了。他剃光了头，穿上大腰裤，露出了光脊背，吃住在太行山一个偏僻、贫穷的山村里。每天他与老乡一起上山干活，一起下沟担水。为了使皮肤粗糙、黝黑，他每天中午光着膀子在烈日下暴晒。为了使双手变得粗糙，每次摄制组开会，他都不坐板凳，而是学着农民的样子蹲在地上，用沙土搓揉手背。为了电影中的两个短镜头，他打猪食槽子连打了两个月。为了影片中那不足1分钟的背石镜头，他实实在在地背了两个月的石板，一天3块，每块150斤。在拍摄过程中，他为了达到逼真的视觉效果，真跌真打，主动受罪。在拍“舍身护井”时，他真跳，摔得浑身酸疼；在拍“村落械斗”时，他真打，打得鼻青脸肿。更有甚者，在拍旺泉和巧英在井下那场戏时，为了找到垂死前那种奄奄一息的感觉，他硬是三天半滴水未沾、半粒米未进，连滚带爬拍完了全部镜头。很多人只看到了张艺谋光鲜的一面，却不知道他也曾为了拍出好电影而吃了不少苦头。但是，不管经历什么样的苦痛，他都只是向前冲。在他的心中始终有着这样一种信念：只要你不懈地追求，你就有成功的一天。正是因为对电影事业持之以恒的追求，张艺谋荣获了第2届东京国际电影节最佳男主角奖，中国第11届百花奖最佳男主角奖，第8届金鸡奖最佳男主角奖。

天道酬勤。凡事只要坚持到底、始终如一，没有解决不了的困难，只要你兢兢业业、坚持不懈，成功的道路上，便会有你的身影。这便是成功应有的韧性，“大雪压青松，青松挺且直”，养成坚定执着的个性，并用辛勤的汗水浇灌成功之花。做任何事情，只要有恒心，坚持不懈地奋斗，就能成就大事。这也是《素书》“橛橛梗梗，所以立功”所要告诉我们的道理。

防人之心不可无

原典

避嫌远疑，所以不误。

意译

远离是非嫌疑，可以免除差错和谬误。

修身智慧

正所谓“害人之心不可有，防人之心不可无”，黄石公的“避嫌远疑，所以不误”应该成为职场中人必须谨记的原则。身处职场你必须认清周围的环境，谨慎行事，才不至于引火上身。正所谓，“谨慎能捕千秋蝉，小心驶得万年船。”荀子在论人性时说：“人之性恶，其善者伪也。”固然有些偏激，但现实生活中的确要在与人打交道时谨慎小心一些，对交往不深的人不妨多点戒心，考虑一些防范对策，为自己留些“逃生”的余地，才不至于在事情发生之后追悔莫及。

“害人之心不可有”，道理不言自明，从小到大长辈们就教育我们要坚持这个人生信条；但“防人之心不可无”，这一点却常常为我们所忽略，没有将其摆到心中合理的位置上。究其原因，也许是我们错误地认为所有的其他人也会像自己一样坚持“害人之心不可有”的信条。

事实上，我们的世界没有达到想象中的那样完美。在我们漫长的人生旅途中，可能会遇到这样或那样的陷阱、险阻，稍有不慎便会受到伤害。

张丽是某化妆品公司的业务骨干，她的业绩一直非常突出，与上司丁姐的关系也很亲密。新来的业务员小洁被安排到张丽带领的这个小组，小洁很年轻，一副单纯简单的模样，和张丽很谈得来，两人很快成了好朋友。

一次，张丽因为疏忽，在工作中出了一个小差错。要求严格的丁姐严厉地批评了她，张丽有些不服气，一整天都板着脸不说话。吃午饭的时候，小洁在张丽面前把丁姐大骂了一顿，似乎早就看不惯那个“老女人”独断专行的作风。话虽然有点过分，但还是让张丽心里舒服了一些，她忍不住跟着骂了几句。

这件事张丽并没有放在心头，不久，她却发现许多重要客户都不再和自己联络了，最令人震惊的是，小洁的桌上竟然摆着这些客户的详细资料。张丽愤怒地找到丁姐，没想到丁姐冷淡地说：“自己的工作没做好，就不要抱怨别人。还有，有意见可以当面跟我谈，不用背后议论。”

一瞬间，张丽明白了一切，但气愤和后悔早已于事无补，几天后，她便离开了这家公司。

故事中，张丽的错误在于只有不害他人之心，却没有防范他人之心。她识人不清，没有看到小洁亲切的外表下包藏着的祸心，结果错误地将心存歹意的小人当作朋友，留下了可以为人利用的“把柄”，掉进了人家挖好的陷阱。

从某种角度看人生也是一场战争。在这种战争中，为了求生存，必须要有慎重的生活方式和态度，这样才不至于上某些人的当，吃某些人的亏。所以，请你记住：害人之心不可有，防人之心不可无。

现代职场上虽然不比战争年代的间谍潜伏，但我们还是应该多存一个心眼儿。尤其是刚刚走上工作岗位的新人们，更应该小心翼翼地对待身边的每一件事。因为你入职不久，对身边一起工作的同事没有更多的了解。毕竟是人心隔肚皮，知人知面不知心。别人的想法你不可能尽知，何况手有五指参差，人有良莠不齐，有些人就专捡别人的弱点进攻以获取不义之财，这种人比窃贼更心狠手黑，更难于提防。一旦被他们抓住机会，你就可能遇到麻烦。

君子慎密，事不密则害成

阴计外泄者败，厚敛薄施者凋。

意译

隐秘的计划被泄露出去，则会导致事情失败。横征暴敛、薄恩寡施，必将导致社会凋敝。

修身智慧

如果没有计谋，被人一眼看透，那么这件事的成败就可想而知了。所以做人应有城府，做事要有“心计”，比如商业策划、军事计划等，不能外泄，否则会遭受严重损失。我们必须谨记黄石公的告诫：“阴计外泄者败。”这里的“阴计”指的是机密的计划，用古代兵家的话说，就是所谓的“诈”计，也就是“用假信息牵着对方鼻子走”。因此，商人在商战中应懂得巧放烟幕弹的道理；人生也是一样，在某些竞争情境中，也要像商人一样懂得运用些计谋。

春秋时期，楚国的宰相公子元在兄长楚文王死了之后，非常想占有漂亮的嫂子文夫人。他用各种方法去讨好她，文夫人却无动于衷。于是他想用建立功业，来显示自己的能耐，以此讨得文夫人的欢心。公元前66年，公子元亲率兵车六百乘，浩浩荡荡攻打郑国。郑国国力较弱，都城内更是兵力空虚，无法抵挡楚军的进犯。

郑国危在旦夕。群臣一片慌乱，不知如何是好，打还是和皆不统一，众说纷纭。上卿叔詹说：“请和与决战都非上策，固守待援倒是可取的方案，郑国和齐国订有盟约，而今有难，齐国会出兵相助。只是固守也难守住。不过那公子元伐郑，实际上是想邀功图名讨好文夫人。他一定急于求成，又特别害怕失败。我有一计，可退楚军。”

郑国按叔詹的计策，在城内做了安排。命令士兵全部埋伏起来，不让敌人看见一兵一卒，令店铺照常开门，百姓往来如常，不准露一丝慌乱之色，大开城门，放下吊桥，摆出完全不设防的样子。楚军先锋到达郑国都城城下，见此情景，心里起了怀疑：莫非城中有了埋伏，诱我中计？于是不敢妄动，等待公子元。公子元赶到城下，也心生好奇，率众将到城外高地眺望，见城中确实空虚，但又隐隐约约看到了郑国的旌旗甲士。公子元认为其中有诈，不可贸然进攻，应先进城探听虚实，于是按兵不动。

这时，齐国接到郑国的求援信，已联合鲁宋两国发兵救郑。公子元闻报，知道三国兵到，楚军定不能胜，好在也打了几个胜仗，所以赶快撤退是为上策。他害怕撤退时郑国军队会出城追击，于是下令全军连夜撤走，人衔枚，马裹蹄，不出一点声响，所有营寨都不拆走，旌旗照旧飘扬。第二天清晨，叔詹登城一望，说道："楚军已经撤走。"众人见敌营旌旗招展，不信已经撤军。叔詹说："如果营中有人，怎会有那样多的飞鸟盘旋上下呢？他也用空城计欺骗我们，急忙撤兵了。"

这就是历史上最早的空城计。在郑国和楚国的这场战斗中，从兵力上讲，楚国占据绝对优势，但是在信息上，郑国更占优势。郑国对楚军的各种形势了如指掌，从而对症下药，以空城计取得胜利，实在是高明的对策。而这一对策之所以生效，正是因为没有人知道"城里"到底有没有埋伏，而万一这计策外泄，恐怕历史将会被改写。

在军事战争和商战史上，向敌人透露假信息，而影响其决策，最终将其打败的例子不胜枚举。

南北朝混战时代，中国北方有东魏和西魏相互对峙。东魏大将段琛据兵于两国交界的宜阳（今河南宜阳西），派下属牛道恒招募西魏边民，以充实自己，削弱西魏。牛道恒招募有方，使得大批西魏边民迁移到东魏来。西魏大将韦孝宽非常忧虑。后来，韦孝宽想出了一招“钩鼻计”。他先派人打入牛道恒的内部，获得了牛道恒手迹。又命令手下擅长书法的人模仿牛道恒笔迹，伪造出了一封牛道恒的信。信中写牛道恒对西魏如何向往，对韦孝宽如何崇拜，并表达了伺机投诚的心愿。信写好之后，故意抖落上一些灯灰在信上，以使得伪装天衣无缝。然后利用间谍，把信转到了段琛的手中。段琛因此对牛道恒产生了怀疑，对他不再信任。这样一来，牛道恒对招募工作也就没有热情了。

《周易》说：“君不密则失臣，臣不密则失身，凡事不密则害成。是以君子慎密而不出也。”当对手知道了我们的决定之后，就能做出对其最有利的决定。只有深藏不露，不透露自己的真实信息给对手，才不会给对手以可乘之机。

时运不济，守得淡泊

原典

如其不遇，没身而已。

意译

如果时运不济，他们也能守得淡泊以终身。

修身智慧

人生本身就是一门哲学，有时有欢笑，有时也有眼泪；有时需要前进，有时却又需要后退。前进和后退，就如同加法和减法一样。在人生中，大多数人都喜欢加法，追逐名利、追求富贵，同时许多人却忽视了减法。他们不知道，其实淡泊名利，不计较得失，才是真正的生存之道。正如《素书》所言，君子“如其不遇，没身而已。”真正知进退，懂得生存之道的人，即使时运不济，也能守得淡泊以终身。

孙叔敖是春秋时期楚国令尹，中国历史上有“孙叔敖治楚，三年而楚国霸”之说。作为春秋时期辅佐楚庄王称霸的一代著名贤相，他在执掌楚国政治、经济、军事大权的过程中，都充分显示了自己的才能。在他的辅佐下，楚庄王成为当时著名的“春秋五霸”之一。

其实孙叔敖的先辈们一直在楚国做官，他便出生于楚的国都郢都，后来因父亲获罪而迁居期思邑，便过着隐士的生活。后来被人推荐给楚庄王，三个月后便做了令尹（宰相）。他善于教化引导人民，因而使楚国上下和睦，国家安宁。

当时有位孤丘老人，很关心孙叔敖，特意登门拜访，问他：“高贵的人往往有三怨，你知道吗？”

孙叔敖回问：“您说的三怨是指什么呢？”

孤丘老人说：“爵位高的人，别人嫉妒他；官职高的人，君王讨厌他；俸禄优厚的人，会招来怨恨。”

孙叔敖听过之后，笑着说：“我的爵位越高，我的心胸越谦卑；我的官职越大，我的欲望越小；我的俸禄越优厚，我对别人的施舍就越多。我用这样的办法来避免三怨，可以吗？”

孤丘老人很满意，于是走了。

孙叔敖真正按照自己所说的去做了，结果避免了不少灾祸。但他也并非一帆风顺，曾经三落三起。有个叫肩吾的隐士对此很不解，就登门拜访孙叔敖，问他：“你三次担任令尹，也没有感到荣耀；你三次离开令尹之位，也没有露出忧色。我开始对此感到疑惑，现在看你的气色又是如此平和，你心里到底是怎样想的呢？”

孙叔敖回答说：“我其实也没什么过人的地方！我认为官职爵禄的到来是不可推却的，离开是不可阻止的。得到和失去都不取决于我自己，因此才没有觉得荣耀或忧愁。况且我也不知道官职爵禄应该落在别人身上，还是应该落在我的身上。落在别人身上，那么我就不应该有，与我无关；落在我身上，那么别人就不应该有，与别人无关。我的追求是顺其自然，悠然自得，哪里有工夫顾得上人间的贵贱呢！”

肩吾对他的话很是钦佩。

孙叔敖后来得了重病，临死前告诫儿子说：“楚王认为我有功劳，因此多次想封赏我土地，我都没有接受。我死后，楚王为了奖励我生前的功绩，一定会封给你土地，你千万不要接受富饶的土地。在楚国和越国之间，有个地方叫‘寝丘’。这个地方土地贫瘠，名字也很不好听。楚国人信奉鬼神，越国人讲求吉祥，都不会争夺这个地方，因此这个地方可以长久拥有。”

孙叔敖死后，楚王果然要封给他儿子一块相当好的土地，他儿子辞谢不受，只请求寝丘之地，楚王答应了他的请求。按照楚国的规定，分封的土地不许传给下一代，唯有孙叔敖儿子的封地可以世代相传。

孔子后来听说了这件事，深有感慨地说：“古代的人，智慧者不能使他意志动摇，美女不能使他淫乱，强盗不能劫持他，就是伏羲、黄帝也不配和他交游。死和生对于人是极大的事情了，可都不能改变他的操守，何况是官职爵位呢？像他这样的人，精神穿越大山无阻碍，潜入深渊也不会被水沾湿，处于卑微地位也不会感到狼狈不堪。他的精神充满天地，他越是给予别人，自己越是感到富有。”

孙叔敖淡泊名利，对人生的起伏看得很淡。他知进退，从而使自己一生平安，且受到重用，还福荫子孙。他确实是将人生看得透彻的智者。

没有谁的一生能够始终青云直上，走在顺风顺水的宽阔大道，总有遇到独木桥的时候。特别是那些欲成大事者，更要面临人生的起起落落，风风雨雨。真正能从容地走过这些风雨的人，必然是在人生的赛场上最后胜出的人，而他们那一份进退自如的潇洒，总能给后人许多启示。

只有无争，才能无忧

原典

同贵相害，同利相忌。

意译

具有同等权势地位的人，必然互相排挤，彼此倾轧。有同样利害关系的人，必然互相猜忌。

修身智慧

“同贵相害，同利相忌”指的是：具有同等权势地位的人，必然互相排挤，彼此倾轧；有同样利害关系的人，必然互相猜忌。这就是拥有同等地位的人很难和谐相处的原因所在。一山不容二虎，这本是人性所致，但黄石公在此提出同贵相害、同利相忌的道理，在于劝导人们，只有与人无争，才能亲近于人；与物无争，才能抚育万物；与名无争，名就自动到来；与利无争，利就聚集而来。古人云：“势相轧，害相刑。”祸患的到来，全是争的结果。而无争，也就无灾祸了。

宋代的向敏中，在宋太宗时为名臣，在真宗时晋升为右仆射，担当大任三十年，没有一个不顺从他的人，而能做到这一点，正是由于不争使他远离了他人妒恨排挤之祸。

《宋史》记载：向敏中，天禧（真宗年号）初，任吏部尚书，为应天院奉安太祖圣容礼仪使，又晋升为左仆射，兼任门下侍郎。有一天，与翰林学士李宗谔相对入朝。真宗说："自从我即位以来，还没有任令过右仆射。现在任命向敏中为右仆射。"这是非常高的官位，很多人都向他表示祝贺。徐贺说："今天听说您晋升为右仆射，士大夫们都欢慰庆贺。"向敏中仅唯唯诺诺地应付。又有人说："自从皇上即位，从来没有封过这么高的官，不是勋德隆重，功劳特殊，怎么能这样呢？"向敏中还是唯唯诺诺地应付。又有人历数前代为仆射的人，都是德高望重。向敏中依然是唯唯诺诺，也没有说一句话。

第二天上朝，皇上说："向敏中是有大能耐的官员。"向敏中面对这样重大的任命而无所动心，这就做到了老子所说的"宠辱不惊"，人们三次致意恭贺，他三次勉强应付，不发一言。可见他超人的镇静。正如《易经》中所说的"正固足以干事"。所以他居高位三十年，人们没有一句怨言。他始终这样从政处世，对于进退荣辱，都能心情平静地虚心接受。所以他理政府事，待人接物，也就能顺从大理，顺从人情，顺从国法，没有一处不适当的。人贵在以虚修养自己，以坦荡交游涉世。

宋时另一人物文潞公，一生也是以虚受坦游自守，在他辞官回归洛阳时，已是八十高龄了。神宗看他精神健旺，年力康强超过常人，问他是不是养生有道，他回答说："没有其他的方法，我只不过能随意自适，不以外物伤和气，不敢做过头的事情而已。"这真可以作为名言。

唐肃宗上元二年（761年），郭子仪爵封汾阳王，王府建在长安的亲仁里。令人不解的是，汾阳王府自落成后，每天都是府门大开，任凭人们自由进出，郭子仪不准府中人干涉，与别处官宅府第门禁森严的情况截然不同。有一天，郭子仪帐下的一名将官要调到外地任职，特意前来王府辞行。他知道郭子仪府中百无禁忌，就一直走进了内宅。恰巧，他看见郭子仪的夫人和他的爱女两人正在梳洗打扮，而王爷郭子仪正在一旁侍奉她们，她们一会儿要郭子仪递手巾，一会儿要他去端水，使唤郭子仪就好像使唤奴仆一样。这位将官当时真是惊讶万分，回去后，不免要把这情景讲给他的家人听。于是一传十，十传百，没几天，整个京城的人们都把这件事当作笑话来谈论。

郭子仪听了倒没有什么，他的几个儿子听了却觉得太丢王爷的面子，大唐堂堂的将军竟如此不顾自己体面，以致遗人笑柄，郭家脸面何在！他们决定给父亲提出建议。他们相约一起来找父亲，要他下令，像别的王府一样，戒备森严，闲杂人等一律不准入内。郭子仪听了哈哈一笑，几个儿子哭着跪下来求他，一个儿子说："父王您功业显赫，普天下的人都尊敬您，您自己却不尊重自己，不管什么人，您都让他们随意进入内宅。孩儿们认为，即使商朝的贤相伊尹、汉朝的大将霍光也无法做到您这样。"

郭子仪长叹了一声，语重心长地说："我如今爵封汾阳王，作为人臣，已是一人之下万人之上了。往前走，再没有更大的富贵可求。你们现在还太年轻，只看到我们郭家的显赫声势，却不知这显赫背后已是危机四伏。月盈则亏，盛极而衰，按理我应急流勇退才是万全之策，可如今朝廷要用我，皇上怎么会让我解甲归田，退隐山林？再者，我们郭家上上下下有

1000余口人，到哪儿去找能容纳这么多人的隐居地？在这进退两难的境况中，如果我再将府门紧闭，与外界隔绝，如果那些与我有仇怨的人诬告我们对朝廷不忠，则必然会引起皇上的猜忌；若再有妒贤嫉能之辈添油加醋，落井下石，则我们郭家一门九族就性命不保，死无葬身之地了。”

几个儿子听了郭子仪的话，恍然大悟，无不佩服父亲的先见之明。

郭子仪是朝廷重臣也是皇帝的宠臣，可他明白“聪明圣知，守之以愚；功被天下，守之以让；勇力抚世，守之以怯”的道理，并身体力行，方能全身而终，荫及子孙，泽及后代。郭子仪不争一时之荣辱，不争一事之胜负，因为他明白灾祸产生的原因，知道该用谦谨的作风来确保全家安乐。

老子曾说：“只有无争，才能无忧。”利人就会得人，利物就会得物，利天下就能得天下。从来没有听说过，独恃私利的人能得大利的。所以善利万民的人，如同水滋润万物而与万物无争，不求所得。生活中亦可见那些斤斤计较、患得患失的人，事事都会强出头，那样只会让自己活得更累，因为当你同别人争名夺利时，你也就成了别人的眼中钉、肉中刺，下场自然也好不到哪里去。

第八章

逆者难从，顺者易行

——顺势的智慧

识时务者为俊杰

原典

贤人君子，明于盛衰之道，通乎成败之数。

意译

贤明的人和有德行的君子，都明白世间万物兴盛、衰败的道理，通晓事业成功、失败的规律。

修身智慧

人们常说是战争成就了曾国藩，因为那个时代促成了曾国藩一生的成就，可也正是因为那个时代，曾国藩只能成为一个守旧势力的顽固拥护者，而不能有更大的作为。

太平天国运动爆发的时候，曾国藩42岁。因为朝廷的人员调动出现了纰漏，他由一介书生转型成了一员儒将，被卷入了战争的硝烟当中。其实，曾国藩心里十分清楚，这场战争虽然表面上是农民起义，可是这股民间力量是不容忽视的。它的爆发，不但会给朝廷的统治带来冲击，还可能影响到当时的文化以及其他思想领域的发展。阶级的局限性让他只能看到朝廷的利益，只能捍卫自己所拥护的封建道统的权益。曾国藩在很多年以后回忆往事时，仍不由得感叹，卷入这场战争，是命运的安排，是造化弄人。他甚至自嘲说，当年从军主要是因为“赌一口气”，是为了维护自己的尊严。所以，加入这场战争，曾国藩的心里充满了无奈。可是，当他与洪秀全两军对垒时，他的心中只有对于朝廷的责任，只能将战胜对方视为己任。对于太平天国的领袖洪秀全，曾国藩是不能小觑的。他只比曾国藩小一岁，但是他不仅是曾国藩战事中的对手，更是文化的对手、人格上的对手。可以说，在曾国藩还没有中举之前，他的生存环境、身份地位跟洪秀全是相同的，只不过是一场科考——曾国藩顺利中举，洪秀全名落孙山——使两个人走上了截然不同的道路：曾国藩成了传统封建道德的捍卫者，而洪秀全则成了它的破坏者。

在太平天国运动中，尽管洪秀全选择的那面精神旗帜在当时的正统文化面前变得不堪一击，但是他的崛起，在很大程度上促进了封建制度的老化，将摇摇欲坠的封建王朝更进一步逼上极端。所以，洪秀全成了历史进步的催化剂，成了一代农民起义的英雄。可是，作为封建正统的捍卫者，曾国藩没有善始善终。“天津教案”，他从一代忠臣变成了办事不利的懦弱分子，一生经营的名声也毁于一旦。所以，在封建历史落幕的时候，尽管一生都在为了他所维护的封建正统奔波，但是最终历史裁判给他的，还是骂名。由此可见，一个人光有才华是不够的，光有能力也不足以立天下，还要识时务。

时务即为当前的形势和潮流，也就是今人常说的“新形势”。“识时务者为俊杰”这句话，在社会大动乱、大变革时期人们常会提到，在和平时期人们也不少说。“识”了时务更能顺应之，也就成为俊杰了。做事情一定要搞清楚当时的大背景，理顺身边的小环境，然后再因地制宜摆正自己的位置，认认真真地做。

得机而动，时至而行

原典

若时至而行，则能极人臣之位；得机而动，则能成绝代之功。

意译

一旦时机成熟，便乘势而行，于是常常能够位极人臣，建立盖世之功。

修身智慧

如果让一位失败者总结原因，他或许会给出以下几条：没有人帮助、提拔；好的职位已被众多优秀者占据。归根结底，就是缺乏机遇。机遇对人发展的重要性不言而喻，《素书》也将“得机而动”“时至而行”视为“极人臣之位”“成绝代之功”的条件之一，即能把握时机的人会成就一番伟业。

没有人会否认机遇的重要性，但是在面对机遇时，许多人陷入了“等待”的误区。这实际上是把机遇与“偶然的成功”等同，而忽略了机遇偏爱有准备的头脑。诸葛亮得刘备“三顾茅庐”，机遇大好，但如果不是他此前已经读遍诸子百家，胸有丘壑，也无法得到刘备青睐。

如果说诸葛亮的机遇多少还带有些被动性接受的成分，那么毛遂自荐就是典型的主动寻找并把握机遇的成功事例。

毛遂曾在战国四公子平原君门下当了三年默默无闻的门客。后来，秦国攻赵，遂认为自己施展才华的机会到了，于是他主动向平原君请缨当说客，前往楚国求助。但是，平原君对三年不曾展露才华的毛遂并无信心。他婉转地对毛遂说：“你到我门下已经三年了，却从未听到有人在我面前称赞过你，可见你并无什么过人之处。一个有才能的人在世上，就好像锥子装在口袋里，锥尖子很快就会穿破口袋钻出来，人们很快就能发现他。而你一直未能出头露面显示你的本事，我怎么能够带上没有本事的人同我去楚国行使如此重大的使命呢？”

毛遂说：“我之所以没有像锥子从口袋里钻出锥尖，是因为我从来就没有像锥子一样被放进您的口袋里呀。如果您早就将我这把锥子放进口袋，我敢说，我不仅会像锥尖子一样钻出口袋，还会让整个锥子都像麦穗子一样全部露出来。”

平原君觉得毛遂说得很有道理且气度不凡，便答应毛遂作为自己的随从，连夜赶往楚国。

到了楚国后，平原君与楚王的商谈进行得十分不顺利。双方从早上一直谈到了中午，还没有一丝进展。毛遂见状便提起宝剑，大踏步跨到台上，逼视着楚王，慷慨陈词，申明大义，他从赵楚两国的关系谈到这次救援赵国的意义，对楚王晓之以理，动之以情。他的凛然正气使楚王惊叹佩服，他对两国利害关系的分析深深打动了楚王的心。

终于，楚王与平原君缔结盟约，派军队支援赵国，赵国于是解了围，而毛遂也因为立下大功，得到了很大的封赏。

平原君向楚国求援对沉寂了三年的毛遂而言是一次绝好的机会。但是，当初平原君并没有选他当随行的门客之一，所以，毛遂的机会是自己争取的。如果不是主动出击，再埋没三年也未可知。另外，光有主动争取的意识还不足以成就毛遂，他在说服楚王过程中所展现出来的口才与胆识，才是他能够“得机而动，则能成绝代之功”的根本保障。

可见，真正具有真才实学的人如果能善于把握生活中的每一个契机，并且自己主动寻找、创造机遇，那么便会大大增加成功的可能性。

改变自己，适应社会

原典

走不视地者颠。

意译

走路不看地面，一定会跌倒。

修身智慧

黄石公很强调对形势的把握，关于理想与现实的关系，黄石公用了一个很有意思的比喻：“走不视地者颠。”一个有理想的人行走在追求理想的路上，但是，他要能够辩证地看待现实社会中的复杂，坦然接受这种不完美的现实，追求自己的理想的同时，也积极地改变自己，适应社会。这正是其“机敏”之处，是生存的智慧。理想和现实绝对是有差距的，理想不管有多完美，一旦碰到了现实生活，也必须适度地妥协，否则会一事无成，这就好像只顾走路但却不看路一样，一定会跌倒。

春秋末年，各诸侯国之间时常发生战争。孔子是当时有名的教育家，极力主张以“仁义道德”来治理国家，恢复过去周朝的礼制。他认为统治者只有用“仁义”来感化百姓，处理诸侯国之间的关系，恢复礼制，天下才会安宁。

为此，他曾周游列国，向各诸侯国国君“推销”自己的政治主张，并希望他们采纳。遗憾的是，他的政治主张并不像他的教育思想那样受人敬佩和欢迎，因而到处碰壁。

有一次，孔子带着学生准备到卫国去游说，学生颜回便去问鲁国一个名叫太师金的官吏：“我的老师孔子到处游说，劝谏别人接受他的政治主张，可是却到处碰壁。这次去卫国，你看情况会怎样？”

太师金摇头说：“我看结果还是不行。现在战乱四起，各国国君为了争夺地盘都忙着打仗，对你老师的仁义道德非常反感，谁会去听不合时宜的说教呢？先前蔡、陈两国之行就是如此。这次他到卫国去游说，肯定也不会有什么好结果。”

太师金又举例作进一步解释：“船是水里最好的运输工具，车是陆地上最好的运输工具，但是硬要把船弄到陆地上来运货，就是白费力气，一点用也没有。你的老师要去卫国游说，好比是把船弄到陆地上去运货一样，结果不但劳而无功，还可能会招灾惹祸。你们不要忘了去陈国的教训，那时你们到陈国时不是就没人理睬你们，而且七天都张罗不到饭吃吗？”

颜回回忆起那次去陈国的情景，不禁有些担心。他回去把此事告诉老师孔子，孔子也深有感触，但是他还是决定去卫国。结果，依然是碰壁而归。

虽然孔子所推行的“仁义道德”，是为人民着想的政治主张，但是事与愿违的是，当时的诸侯个个利欲熏心，只见眼前的私利。每一个诸侯都希望成就自己的霸业，当然不可能听得进去孔子所说的方法，将权力交还给周天子，恢复旧礼制。

在这种情况下，陈、蔡两国会视孔子所言为剥夺自己利益的蛊惑之言，对待他相当不礼貌，也是可以理解的事。

太师金看透了诸侯们的野心，才会劝颜回不必再白费力气。

尽管孔子不轻易放弃，认为只要有机会，就算成效不彰也要碰碰运气，但是结局早在太师金的预料之中。

很多人之所以会在残酷的现实中一再失败，原因就像太师金所说的"硬要把河里的船弄到陆地上来运货"，老是做着这种食古不化的事，就不能成功。

人当然要有远大的理想和志向，但是在实现理想的时候，也要兼顾现实，既要讲究方法，也要懂得灵活变通，要审时度势，与时俱进。否则，就会沦为食古不化的失败者，成为众人讥笑的对象。

天有昼夜，岁分四时，日月往来是天之理；海纳百川，万物荣枯是地之理；父子之亲，夫妇之别，朋友之信，是人事之理。农家顺应天时才能有良好的收成；百姓顺应人事之理，社会才能和谐，因此，遵循万物自然规律办事，可以让生活更有秩序，在日常生活中避免犯错。或许有人会问："世事都有发展的规律，但它们同时也在不断地变化中，我能够做什么？"

这个问题的答案有三种：第一，预见下一步变化的进行，永远站在变的前头；第二，应变，你变我也变，跟着变；第三，在其他人变了以后，要比别人变得还快，追赶超越其他人。

其实，无论采取哪种做法，都必须不停地做出调整，不停地适应社会的变化，这样才能打破常规迈出成功的一步。在这一点上，杨澜可以成为许多人的榜样。她从中央电视台主持人到出国留学；从进入凤凰卫视工作到创办阳光卫视，再到现在，她的每一次蜕变都是必然也是偶然。就拿她决定留学来说，一方面是她发现自己并不适合做综艺节目，另一方面是她觉得心里并不踏实，今天的鲜花和掌声，不可能永远只属于你。在你表现卓越时，所有人都在赞扬你。但是，明天还会出现更出色的人，一不小心，你就会被众人抛在身后。谁都无法掌控别人的眼光和评价，所以每个人能做的就是控制好自己，努力往前走。所以，在杨澜的人生发展过程中，她时刻注意充实自己，并且根据时代的特点做出相应的改变和调整。这才是杨澜能够一次又一次成功转变角色的秘诀。

世间万物都在变。没有变化，就会落后，就无法生存。事变我变，人变我变，适者方可生存。人的生存离不开环境，环境一旦变化，就必须随时调整自己的观念、思想、行动及目标以适应这种变化，这是生存的客观法则。

但是，有时环境的发展与个人的事业目标、欲望、兴趣、爱好等并不合拍，有时甚至会阻碍、限制欲望和能力的发展。在这种时候，如果有能力、有办法来适应环境，使之满足自己能力和欲望的发展需求，则是最难能可贵的。事物的规律就像水，可以与任何容器相合，改变世界很难，改变自己却很容易。

事变我变，人变我变

原典

设变致权，所以解结。

意译

设想各种变化情况，加以权衡谋划，这样可以灵活解决各种复杂矛盾。

修身智慧

孙膑和庞涓都是战国时期的军事家，他们师出同门，却势同水火。二人分别就职于两个国家，经常在战场上交手，也因此创造了中国历史上的战争传奇。“围魏救赵”便是其中的一个。

为了解决魏国对赵国的围困，孙膑并没有直接与魏国交战，而是率领军队向魏国的国都大梁挺进，占据它的交通要道，冲击军备空虚的地方。魏国国都被围困，魏军为求自保，自然便从赵国撤兵了。

孙膑突破常人思维，不拘泥于正面交锋的作战方式，从对手的“后方”入手，从而实现了对同盟国的救助。可见只要主动地打破常规，自行开辟一片天地，难题就会迎刃而解。

从哲学的角度来讲，唯一不变的东西是变化本身。生活在一个瞬息万变的世界里，应当学会适应变化。学会变通地去应对工作中的困难，定能做到无往不利。如何在这种变幻中安身立命呢？黄石公答曰："设变致权，所以解结。"意即变通能够解决很多困难之事。任何事物的发展都不是一条直线，聪明人能看到直中之曲和曲中之直，并不失时机地通过迂回应变，达到既定的目标。

汉景帝庶子、长沙王刘发的母亲原是汉景帝妃子的奴婢，因为母亲地位低下，刘发得不到景帝宠爱，他的封国不仅偏僻狭小，而且都很贫瘠。刘发曾多次上书请封，景帝均不予理会。

公元前142年，宗室藩王齐集长安为景帝祝寿。景帝大摆宴席，酒过三巡，皇子们奉召前来为景帝表演歌舞助兴。只见众王衣着华丽，光彩耀人，是时，宫中钟鼓齐鸣，皇子们或引吭高歌，或舒袖曼舞，好不热闹。

轮到刘发祝寿了，只见他肥胖的身躯上罩了件小小的绸衫，窄窄的袖口，两只肥手却缩在袖里。刘发应乐起舞，胳膊拢在袖子里一扭一摆，活像鸭子走路。他那笨拙样惹得众人笑弯了腰。景帝也笑眯了眼，又很奇怪，就喝问道："刘发！为朕贺寿为何如此不敬？"

刘发叩头回答："父皇息怒，儿臣非愿如此，只因儿臣封国地陋狭小，实无回旋余地，不得不这样舞蹈啊。"景帝听罢，似有所悟，便下诏书道："增封长沙王刘发武陵、零陵、桂阳三郡。"

可见，换一种表达方式，效果便会截然不同。莫里哀曾说："变通是才智的试金石。"世间万物都在变，没有变化，就会落后，就无法生存。事变我变，人变我变，适者方可生存。

绕圈的策略，十分讲究迂回的手段。特别是在与强劲的对手交锋时，迂回的手段高明、精到与否，往往是能否在较短的时间内由被动转为主动的关键。我们只有时刻留心身边的变化，才能在人海中绕暗礁，劈风浪，直挂云帆济沧海，同时，也能在身处危境时，在无声无息中化险为夷。

郭德成是元末明初人，他性格豁达，十分机敏，且特别喜欢喝酒。在元末动乱的年代里，他和哥哥郭兴一起随朱元璋转战沙场，立下了不少战功。

朱元璋做了明朝开国皇帝后，当初追随他打天下的将领纷纷加官晋爵，待遇优厚，成为朝中达官贵人。郭德成仅仅做了一个普通的官。

一次，朱元璋召见郭德成，说道："德成啊，你的功劳不小，我给你个大官做吧。"

郭德成连忙推辞说："感谢皇上对我的厚爱，但是我脑袋瓜不灵，整天不问政事，只知道喝酒，一旦做大官，那不是害了国家又害了自己吗？"

朱元璋见他坚辞不受，内心十分赞叹，于是将大量好酒和钱财赏给郭德成，还经常邀请郭德成到御花园喝酒。

一次，郭德成兴冲冲赶到御花园陪朱元璋喝酒。眼见花园内景色优美，桌上美酒芳香四溢，他忍不住酒性大发，连声说道："好酒，好酒！"随即陪朱元璋痛饮起来。

杯来盏去，渐渐地，郭德成脸色发红，但他依然一杯接一杯喝个不停。眼看时间不早，郭德成已烂醉如泥，踉踉跄跄地走到朱元璋面前，弯下身子，低头辞谢，结结巴巴地说道：

"谢谢皇上赏酒！"

朱元璋见他醉态十足，衣冠不整，头发零乱，笑道："看你头发披散，语无伦次，真是个醉鬼疯汉。"

郭德成摸了摸散乱的头发，脱口而出："皇上，我最恨这乱糟糟的头发，要是剃成光头，那才痛快呢。"

朱元璋一听此话，脸涨得通红，心想，这小子怎么敢这样大胆地侮辱自己。他正想发怒，看见郭德成仍然傻乎乎地说着，便沉默下来，转而一想：也许是郭德成酒后失言，不妨冷静观察，以后再整治他不迟。想到这里，朱元璋虽然闷闷不乐，还是高抬贵手，让郭德成回了家。

郭德成酒醉醒来，一想到自己在皇上面前失言，恐惧万分，冷汗直流。原来，朱元璋少时曾在皇觉寺做和尚，最忌讳的就是"光""僧"等字眼。因此字眼获罪的大有人在。郭德成怎么也想不到，自己这样糊涂，这样大胆，竟然戳了皇上的痛处。

郭德成知道朱元璋不会轻易放过自己，以后难免有杀身之祸。他仔细地想着脱身之法：向皇上解释，不行，更会增加皇上的嫉恨；不解释，自己已经铸成大错。难道真的要为这事赔上身家性命不成？郭德成左右为难，苦苦地为保全自身寻找妙计。

过了几天，郭德成继续喝酒，狂放不羁。后来，他进寺庙剃光了头，真的做了和尚，整日身披袈裟，念着佛经。

朱元璋看见郭德成真做了和尚，心中的疑虑、嫉恨全消，还向自己的妃子赞叹说："德成真是个奇男子，原先我以为他讨厌头发是假，想不到真是个醉鬼和尚。"说完，哈哈大笑起来。

后来，朱元璋猜忌有功之臣，原来的许多大将纷纷被他找借口杀掉了，而郭德成竟保全了性命。

郭德成之所以能在朱元璋的铁腕下保住自己的性命，是因为他能够从小的祸事看到以后事态的发展。因此不贪恋官位，随机应变，提前避了祸。

俗话说，“人有失足，马有失蹄”。人的一生之中总会遇到种种困境，会有许多过失，有时某些过失可能会给自己带来大祸。如何从这些祸事中脱身非常重要，而智者善于随机应变，利用现时条件培养避祸的急智，从而使自己处于安全的境地。

世人在解读《素书》“括囊顺会”时认为此句在于告诫人们，在不利的形势下，要善于变通，断然退避。一个人在客观条件不允许继续前进，或再前进就危及自身的情况下，自觉地、主动地断然退避是心怀博大、大智若愚的具体体现。

抓住问题的关键

原典

衣不举领者倒。

意译

拿衣服时不提领子，势必把衣服拿倒。

修身智慧

抓住网纲撒网，网眼自然张开；抓住了树的根，枝叶自然会跟从。所以说，做事情一定要先抓主要矛盾，主要矛盾解决了，其他小矛盾便迎刃而解，这就是纲举目张。这个道理在《素书》中的表达是："衣不举领者倒。"提衣服只有提住领子才能顺当，如果抓着其他地方衣服就会倒。无论是纲举目张还是衣要举领，其中所蕴含的道理都是，做事情一定要抓住重点。

刘邦平定天下以后，开始论功封赏功臣。他对大臣们说："运筹帷幄之中，决胜千里之外，这是张良的功劳，应封三万户。"

张良连忙起身拜谢："臣开始逃亡下邳，有幸与陛下相会，这是上天让臣跟随陛下。陛下用臣的计策，幸而时中。臣愿封留地足矣，不敢当三万户。"

刘邦对张良的辞让很满意，就封他为留侯。接着又封赏了二十多位有功之臣。这时，其他的文臣武将日夜争功不停，弄得刘邦心烦意乱，寝食难安。

一天，刘邦在洛阳南宫从阁道望见几位将领坐在沙中窃窃私语，觉得奇怪，就问张良："他们说什么？"

张良不安地说："陛下难道不明白？他们在商量谋反的事呀！"

刘邦大惊失色："天下刚刚安定，为什么要谋反？"

张良提醒刘邦道："陛下起于布衣，是依靠这些武将取得天下。现在您是天子，所封的侯爵全是像萧何、曹参那样的同乡、故人和您所喜欢的人，而您诛杀的尽是平生所愤恨的仇人。现今军吏计功，有功的不能普遍受封，许多人担心得不到封赏，又害怕您抓住他们的过失而诛杀他们，所以他们才打算铤而走险，聚众谋反呀……"

刘邦愁容满面，如坐针毡："这……如何是好？"

张良深思熟虑后说："陛下不要担心，臣已经有了办法。"

"快说给朕听！"刘邦急不可耐。

"陛下平生最憎恨的而又是群臣所共知的人是谁？"

"当然是雍齿这个人。雍齿与我有旧仇，他污辱过我，只是因为他功劳大，才不忍杀他，这事群臣都知道……"

刘邦不假思索地告诉张良。

张良霍地站起身，胸有成竹地说："陛下，谋划就在此人身上！立即封赏雍齿，给群臣诸将摆个样子。像雍齿这样的仇人，陛下都能不计前怨，为他封功晋爵，别人还会有什么顾虑呢？他们必会心平气和，解除疑虑了！”

刘邦立即下令设置酒宴，召集文武百官，当众宣布命令，封雍齿为什方侯……接着又催促丞相、御史定功行封。

酒宴散后，大臣、将军欢天喜地，奔走相告：“雍齿都能封侯，我等还担心什么呢！”

张良让刘邦封雍齿而平定众将之心，实际上这条计策并没有什么出奇的地方，但为什么收到了“制胜”的效果呢？其原因就是张良太了解众将官的所思所想了。雍齿是刘邦平时最憎恨的人，这样的人受封当然最有说服力。所以，雍齿被封侯后，众将心里的顾忌也就没有了。

庖丁解牛的故事相信许多人都耳熟能详，庖丁是《庄子·养生主》中提到的一位技艺高超的厨师，庖丁解牛的技术已经达到道的境界。当他的技术达到最高境界时，刀下去经过的地方，顺着经脉的流行、肌肉的纹理，把大关节的地方解开了，自然就把一头牛解脱开了，更别说细节之处。

在关键的地方下工夫，这才是解决问题的道，也是庖丁解牛留给我们的一点启示。因此，每一个人在思考问题的时候，都要从问题本身出发，抓住问题的关键，拨开重重迷雾，一切问题自然也就迎刃而解了。

小到杀一头牛的方法，大到做人、做事的道理都是一样。不管你做什么，无论你是领导他人还是被人领导，只要在关键的地方下工夫，把要点的地方解开了，枝节的地方自然迎刃而解，事情也就好办多了。

解决问题的过程就是一个思考问题的过程，在解决一个问题时，不要被问题的表面现象所迷惑，要找到问题的关键所在。只有抓住问题的关键，才能从根本上解决问题。切中肯綮，才是做事事半功倍的诀窍所在。

唐朝末年，裘甫起兵叛乱，已攻占了几个城池，朝廷任命王式为观察史，镇压动乱。王式刚上任便命人将县里粮仓中的粮食发给饥民。众将官迷惑不解，都说："您刚上任，军队粮饷又那么紧张，现在您把县里粮仓中的存粮散发给百姓，这是怎么回事呢？"王式笑着说："反贼用抢粮仓中存粮的把戏来诱惑贫困百姓造反，现在我向贫苦百姓散发粮食，他们就不会强抢了。再者，各县没有守兵，根本无力防守粮仓，如果不把粮食发给贫苦百姓，等到敌人来了，反而会资助敌人。"叛军到达后，百姓果然纷纷抵抗，不到几个月的工夫，叛乱就被平定。王式眼光敏锐，发现了粮食这个工作重点，轻而易举就平定了叛乱。

领导者如果心无定性，遇到什么事情就干什么事情，不能分清工作的主次、轻重、缓急，胡子眉毛一把抓，到了最后肯定是一无所获。那么，怎样才能提纲挈领地开展好工作呢？应该注意以下两点：

(1) 集中突破

打仗的时候，有"集中优势兵力打歼灭战"一说，领导干工作时，也可以运用这个军事原则，那就是找准重点工作后，集中人力、财力、物力，健全组织机构，抽调优秀人才，加强舆论引导，目的就是全力以赴地攻关，力争在尽量短的时间内有所突破，有所建树，让上上下下都能看见自己的政绩。如此一来，向上可以争取政策与财物，向下可以激励人心与士气，形成良性循环，最终带动方方面面的工作都有起色。

(2) 心无旁骛

中心工作是一个团队在某一个时期全部工作的灵魂，一切工作都应该为中心工作让路。如果领导同时搞几个中心工作，或者时不时地追加几个中心工作，会让大家迷惑到底该先干什么。俗话说“将军赶路不打野兔”，“五行不定，输得干干净净”，什么都想干好，什么都想抓好，结果什么也没有抓住。一段时间以后回过头来看，虽然忙忙碌碌，但政绩依然平平。

能在全盘工作中抓住主要矛盾，找准工作重点，一切问题都会迎刃而解，优秀领导者与平庸领导者的差距或许就在这个关键点上。“抓住重点，带动一般”，“突破难点，搞活全局”，这历来就是行之有效的工作方法。

这种领导艺术，人们更喜欢用“牵牛鼻子”来做比喻。一头硕大的水牛，怎样驱使它？推它、打它都不灵，唯有牵着牛鼻子，牛才会乖乖地听人使唤。领导干工作也要善于抓住要害，统筹全局议大事，集中精力抓关键，积聚力量攻重点，这样才能推动全盘工作进程，提高工作效率。

保持自己的“强”之所在

原典

失其所强者弱。

意译

失去自己的优势，强者就变成了弱者。

修身智慧

老子说：“鱼不可脱于渊。”是说鱼儿离水必亡。黄石公说：“失其所强者弱。”人一旦失去其强项，就会衰弱。中外先贤的话都在告诉我们，无论生存还是发展，人都不能脱离自己最适应、最擅长的领域。因此，我们应学会做“减法”，将精力从不擅长的领域收回，发现自己的核心竞争力，就是要找到自己最擅长的才能，充分发挥自己的长处，这样才能将自己的成功撬起来。

对一个在各方面都擅长的人来说，聪明的做法不是仰仗强势四面出击、实施逞能或者事必躬亲，而是将有限的时间、精力和资源都用在自己最擅长的地方；反之，一个各方面都处于弱势的人，也不必自怨自艾，抱怨自己的先天不足。要知道，所谓强者，它的资源也是有限的，为了自身利益，强者一定会留一定资源给弱者。“天生我材必有用”，弱者可以尽量将自己较擅长的方面发挥到极致。

“失其所强者弱”指的是人在发展的过程中，不能失去令自己强大的因素，否则无论之前如何强大，都会衰弱。这里提到的“强”包含三个内容，一是指“优势”，二是指“强势”，三是指“强人”。

第一点“优势”即指“长处”。无论是个人还是团体，将自己的优势发挥到极大，是占据竞争制高点的最稳妥的方法。无论生存还是发展，都不能脱离自己最适应、最擅长的领域。因此，将精力从不擅长的领域中收回，将自己的核心竞争力集中于自己最拿手的工作上，才能撬动自己的未来。

或许有人会问，对于在各方面都有优势的人来说，难道不应全面撒网全面开花吗？答案是否定的，全面铺网的做法并不聪明。四面出击或者事必躬亲，反而会将有限精力消耗殆尽。如此一来，优势得不到发挥，就等于自我削弱。与其如此，不如将自己的强项发挥到极致。

第二点“强势”中的“势”与优势不同，它指的是个人或团体在发展中所依靠的人脉，即关系网。与发挥优势相比，“强势”，即拓展自己的人际关系网，是走向事业巅峰的捷径。

许多人在办事不顺或者四处碰壁的时候，会有这样的感触：“如果我有足够多的关系，一定可以更加顺利地完成这个工作！”因为，只要你和那些关键人物有所联系，当有事情想要去拜托他或是与其商量讨论时，你总是能够得到很好的回应。这种与关键人物取得联系的有利条件，就是好人脉所拥有的巨大力量。事实上，你编织的关系网越宽广，你做起事来就越方便。

第三点，除了“优势”“强势”外，“强人”是在竞争中获胜的必不可少的因素。“强人”指的是人才。现实中，因会识人、会用人而实现事业腾达的人并不在少数。

《吕氏春秋》中写道：“身定，国安，天下治，必贤人。”“得十良马，不若得一伯乐；得十良剑，不若得一欧冶；得地千里，不若得一圣人。舜得皋陶而舜受之，汤得伊尹而有夏民，文王得吕望而服殷商。夫得圣人，岂有里数哉？”要求国家的统治者把尚贤作为基本国策。吕不韦的这些观点和做法，都显示了他对人才的推崇。

无论是在古代，还是在现代，人才都被看作制胜的关键。上级对下属的一种鼓励和信任，可以让下属心甘情愿、全力以赴地工作。反之，则会造成人才的流失。人才从你这里流走，就必定会为你的对手所用，这对你来说，无疑是双重的打击。所以，无论如何，都要堵住这个人才流失的缺口。想要做到这一点，最关键的就是要相信你所选择的人才，放开手让他去发挥自己的才干。

以上三点是制胜的秘诀，如果在强势时失去了这三样法宝，便是事业进入低谷的开始。虽说强弱无定势，但若是能在强大时，始终注意保持自己的“强”之所在，充分发挥自己的优势，注意经营人脉，在竞争中便有了强大的保障，而不至于过早走下坡路。

平衡业绩与人际关系

原典

同美相妒。

意译

同为倾城倾国的佳丽，必然互相嫉妒。

修身智慧

“同美相妒”恐怕是最难克服的人性弱点。两个美女互相嫉妒再正常不过，同美是冤家，同行一样是冤家。身在职场，每个人都想通过自己的努力取得成绩，得到别人的认同和肯定。能成为业绩冠军是能力的一种体现，而能长期独占业绩榜的第一名，更是表明能力了得。这本来是很好的事情，不应该带来任何压力和伤害，可是在下面这个故事中，长期的骄人业绩反而成了主人公与同事交往的极大障碍，甚至最终令她失去了领导的支持。这对她的职业生涯来说无疑是个巨大的障碍，对她的心理也造成了一定的伤害。

若兰是个非常优秀的职员，业务能力出众，但是有一次与朋友聊天的时候，她却说道："哎呀，你不知道，我在单位快郁闷死了。他们都不理我，都不跟我玩，我像个孤魂野鬼，成天形单影只的。""你怎么得罪他们了，为什么不理你啊？""她们嫉妒我，一群没有能力、只知道背后暗算别人的小人。"若兰的语气冰冷而坚定。"嫉妒？是你太突出了吗？""大半年来我的业绩在部门里一直是最好的，没有人能与我抗衡。再难缠的客户只要到了我手里，保管能搞定。"若兰说这些的时候，眼里闪着得意的光芒。"我明白了，正是因为你太优秀、太出色了，让你的同事感觉到了压力，所以他们才联合起来孤立你。那你们领导应该很喜欢你啊，业绩这么好。""刚开始的时候，他们是挺高兴的，对我也很客气，像捡到了宝。现在也冷淡下来了，说我不注意团结同事。真是荒谬，他们嫉妒我，我还怎么跟他们团结啊？"若兰委屈地说。

为什么好事最后却带来伤害和阻碍呢？这是个复杂的问题。同在一个办公室里办公，大家能够支配的资源一样，如果你比其他的同事干得好，自然会给别人造成一定的压力。同事之间在很大程度上是一种竞争关系，如果你太能干，别人在你的光环下就会显得暗淡。谁不想表现，谁不想被关注呢？但是，因为有了你的存在，有了你超强的业务能力，他们只能屈居第二；也因为有了你的存在，老板对他们的关注骤然减少，甚至很少过问，因为老板的全部心思都在你这里，你成了老板跟前的红人，而他们全部失宠了。面对一个将自己处境改变了的对手，一个强劲得很难超越的对手，他们怎么能不嫉妒呢？这种嫉妒往往会以冷暴力的形式表现出来，这种方式既能让你感到难受，又不会给他们自己带来任何利益和形象上的伤害，是最佳的报复方式之一。

作为公司的领导，能笼络有能力的员工固然是件好事，但是如果有一天他发现因为某个员工过于突出而使更多员工的工作积极性受到了严重打击，或者内部矛盾尖锐，整体效率下降，那么他当然要重新考虑是继续站在某个人的一边，还是站在更多人的立场。老板心中自有一杆秤来衡量，而秤砣是利益，哪方面能保障更大、更持久的利益，他就倾向于哪方，所以若兰的遭遇也就不难理解了。

那么，在工作中，在我们尽力争取更好的成绩、创造更多的价值的时候，该如何平衡业绩与人际关系呢？怎样避免像若兰这样出了成绩却没了人缘的情况发生呢？以下两点需要我们注意：

(1) 做人低调一些，态度上尽量谦虚

能在工作中取得一定的成绩，当然与自己的努力和才能分不开，但是因此沾沾自喜、恃才傲物是不可取的。如果你表现出得意扬扬的样子，一副志得意满的姿态，其他同事看到之后自然心生不快。但是如果你态度谦虚，不吹嘘自己的能耐，不显山、不露水，待人友好诚恳，尽量不在业绩上做比较，克制自己的优越感，那么别人也不会非要把你孤立起来不可。

(2) 尽力帮助同事，态度诚恳

“一个篱笆三个桩，一个好汉三个帮。”谁都会遇到自己克服不了的困难，当同事有困难而你又有能力帮助他的时候，不妨及时伸出你的援助之手。“君子成人之美”，成全别人、帮助别人的同时也是在成全和帮助自己。千万不要以为帮助别人就会让自己失去机会，恰恰相反，好的人际关系给你带来的机会和益处远远大于一个人单打独斗所创造的价值。

懂得变通，随圆就方

原典

括囊顺会，所以无咎。

意译

谨言慎行，举止顺应大局，这样才能远离纠纷，免遭祸患。

修身智慧

变通是一种不对传统死守的态度，是一种接受变化，包容改变的应变之道。圆融做事，则是对外界一切有棱角的事物的包容，主张圆融做事是为了能够在和睦中达到为人做事的目的。变通做人，圆融做事本身就是对包容智慧的深刻解读。

所谓变通，顾名思义，就是以变化自己为途径，通向成功。哲学家讲：“你改变不了过去，但你可以改变现在；你想要改变环境，就必须改变自己。”文学家讲：“明智的人使自己适应世界，而不明智的人坚持要世界适应自己。”我们每天都面对层出不穷的矛盾和变化，是以不变应万变，还是采取灵活机动的变通方法应万变，这是我们需要确立的一种做人做事的心态。

在人际交往中，同样要懂得变通。

东晋明帝时，中书令温峤备受明帝的亲信、大将军王敦的妒忌。王敦于是请明帝任温峤为左司马，归王敦管理，准备等待时机予以铲除。

温峤为人机智，洞悉王敦所为，便假装殷勤恭敬，综理王敦府事，并时常在王敦面前献计，借此迎合王敦，使他对自己产生好感。

除此之外，温峤有意识地结交王敦唯一的亲信钱凤，并经常对钱凤说："钱凤先生才华、能力过人，经纶满腹，当世无双。"

因为温峤在当时一向被人认为有识才看相的本事，因而钱凤听了这赞扬心里十分受用，和温峤的交情日渐加深，同时常常在王敦面前说温峤的好话。透过这一层关系，王敦对温峤的戒心渐渐解除，甚至视为心腹。

不久，丹阳尹辞官出缺，温峤便对王敦进言："丹阳之地，对京都犹如人之咽喉，必须有才识相当的人去担任才行，如果所用非人，恐怕难以胜任，请你三思而后行。"

王敦深以为然，就请他谈自己的意见。温峤诚恳答道："我认为没有人能比钱凤先生更合适了。"

王敦又以同样的问题问钱凤，因为温峤推荐了钱凤，碍于面子，钱凤便说："我看还是派温峤去最适宜。"

这正是温峤暗中打的小算盘，果然如愿。王敦便推荐温峤任丹阳尹，并派他就近暗察朝廷的动静，随时报告。

温峤接到派令后，马上就做了一个小动作。原来他担心自己一旦离开，钱凤会立刻在王敦面前进谗言而让王敦召回自己。于是，他在王敦为他饯行的宴会上假装喝醉了酒，歪歪倒倒地向在座同僚敬酒。敬到钱凤时，钱凤未及起身，温峤便以笏（朝板）击钱凤束发的巾坠，不高兴地说："你钱凤算什么东西，我好意敬酒你却敢不饮。"

王敦以为温峤真的喝醉了，还为此劝两人不要误会。温峤去时，突然跪地向王敦叩别，泪眼汪汪。出了王敦府门又回去三次，好像十分不舍离去的样子，弄得王敦十分感动。

温峤刚上任，钱凤真的晋见王敦说："温峤为皇上所宠，与朝廷关系密切，何况又是皇上的舅舅庚亮的至交，实在不能信任。"

王敦以为钱凤是因宴会上受了温峤的羞辱而恶意中伤，便生气地斥责道："温峤那天是喝醉了，对你是有点过分，但你不能因这点小事就来报复嘛！"

钱凤只得怏怏退出。

温峤终于摆脱了王敦的控制，回到了建康，将王敦图谋叛逆的事报告了明帝；又和大臣庚亮共同计划征讨王敦。消息传到武昌王敦将军府，王敦勃然大怒："我居然被这小子骗了。"

故事告诫我们：做人固然需要正直，但是如果不知变通，就有可能碰钉子，甚至会遭遇不测。人的工作环境，有时候是无法选择的，但是我们要对环境给予充分地理解与包容。在危险或尴尬的环境中工作，头脑一定要灵活，思想要博大，遇事该方则方，不该方时就要圆一些，尤其在遇到将要对己不利的形势时，应将刚直不阿和委曲求全结合起来，随机应变，先保护自己以屈求伸。温峤在处理与王敦、钱凤等人的关系中，运用一整套娴熟的处世技巧，不但保护了自己，而且在时机成熟时，对敌人又主动出击，绝不手软。相信，我们一定能从中读出有益的变通与圆融的智慧。

第九章

明于盛衰之道，通乎成败之数

——明察的智慧

先人一步洞察世事

原典

明莫明于体物。

意译

了解事物本质，这是最明智的做法。

修身智慧

商纣的宰相箕子，在很早以前便知道商要亡在纣王手中。他之所以推出这个结论，是因他见纣王用了一双象牙筷子。纣王制作象牙筷子也不过是一时心血来潮，但是在箕子看来，纣王既然开始使用象牙筷，那么他的其他餐具也就不会再满足于陶制器皿了。他定然会配合着他的象牙筷，用上犀牛角杯或玉杯。有了如此精致华贵的餐具，那么纣王在吃的食物上也必然会渐渐追求精美。箕子推算，到时候纣王就一定要想吃牦牛、大象、豹子；食物上得到满足后，他就会进而在穿着上有更高的要求，到时候他一定不会再穿粗布短衣而会穿上多层的织锦衣服。更进一步，他会不满足于现在居住的宫殿，而要建更加华丽的高台大室。

按照这个方式推算下去，箕子认为，普天之下，再也不会有能够令纣王感到满足的东西。那时，商亡也便不远了。可能有的人会认为，箕子通过一双象牙筷来推断商朝必亡未免有些武断，其实不然。每个人的举手投足都是其心态和性格的反映，因此，通过人的一举一动可以看出其心意企图。箕子正是通过纣王用象牙筷的细节，推算出他的心意与行动模式。历史经验也证明了箕子的推论。他对世事的体察着实令人佩服。

《素书》言："明莫明于体物。"箕子正是"体物"清明，因此能辨世间成败兴亡。"体物"是见微知著。若能够通过细微现象推导事情的发展，预见到事情结果，就能先人一步洞察世事。

沈括在《梦溪笔谈》中曾记载这样一个故事。大文学家欧阳修得到一幅古画，画的是一丛牡丹，在牡丹花下还卧着一只猫，十分逼真。欧阳修看后不理解画中之意，就去问当朝宰相吴正肃。吴正肃一看到画就说："这是'正午牡丹'。"

欧阳修奇怪地问道："何以见得是'正午牡丹'呢？"吴正肃回答说："画上牡丹花的花瓣分披、色泽浓艳而干燥，正是中午牡丹花的样子；花下猫的眼睛眯成一条缝，正是中午猫眼的形象；如果是清晨的牡丹，花瓣应是收缩而湿润的，猫的眼睛应该是圆的。"欧阳修恍然大悟。

见微知著并非天生的本领。它要求人们在丰富的生活经验基础上，留心观察身边的事物。或许我们现在的观察力还不能达到吴正肃的境界，但是通过系统的训练，便能让观察力得到提高。

经过一段时间的培养，对身边发生的事多加留意，便可提前预料事情的发展方向。正如南宋理学家朱熹所说："'体'谓设以身处其地而察其心也。"努力训练自己的观察力，才能把握住事物的本质。

懂得成事的规律，把握进退的尺度

原典

（贤人君子）审乎治乱之势，达乎去就之理。

意译

（贤明的人和有德行的君子）知道社会太平、纷乱的局势，懂得把握好进退的尺度。

修身智慧

真正的学问并不在书本上。古人说"世事洞明皆学问"，真正的学问在于"洞明世事"。这四字在《素书》中被表述为"明于盛衰之道，通乎成败之数，审乎治乱之势，达乎去就之理"。这是在说，人必须对自己身处的环境有足够的认识，懂得成事的规律，这样才能把握好进退的尺度。

古时，贤人君子行事能够对社会的盛衰治乱进行分析。他们“明”、“通”、“审”、“达”，搞清当时的大背景，理顺身边的小环境，然后因地制宜摆正自己的位置。如历史上“萧规曹随”的主人公曹参便是这样一个洞明世事的人。

孝惠帝刘盈即位后第二年，相国萧何病危。孝惠帝亲自去相府探病。他俯身病榻，哀伤地询问萧何：“相国百岁之后，谁人可代您相位？”

萧何淡淡一笑：

“陛下，知子莫如父，知臣莫如君呀，恐怕陛下自有考虑……”

孝惠帝思忖片刻，试探着问：

“您看曹参怎样？”

萧何连连点头道：

“陛下慧眼识人呐，有曹参做相国，臣死而无恨，可以瞑目矣！”

几日后，萧何病故，曹参继承相位。

曹参当上相国，一切都遵照萧何制定的法规，丝毫也不加以变更。因此他清闲自在，经常喝酒取乐，消磨时光。臣僚与宾客看见曹参终日饮酒会友，不事朝政，很不放心，便想劝说他。然而刚想张口，就被曹参用酒堵住了，他用酒把客人灌得酩酊大醉，无法再劝说他了。

曹参饮酒不务朝政的行为传到孝惠帝耳里，孝惠帝左右为难，不好直接斥责相国，又不能坐视不管。一天，孝惠帝找来曹参的儿子对他说：

“高帝刚弃群臣，相国日夜饮酒，无所事事，何以负天下如此？你回家将我的意思透露给他，但不要说是我授意你的……”

曹参的儿子回家后，将孝惠帝的话委婉地告诉了父亲。曹参顿时暴跳如雷，命令侍卫将儿子鞭笞二百，并怒骂儿子：

“天下事不是你等孺子所应该说的，赶快滚回宫去当你的中大夫去吧！”

孝惠帝听说此事后，忙向曹参解释道：

“你怎么惩治了儿子？是我教他那样说的呀！”

曹参脱帽请罪说：

“臣明白陛下心意。请问陛下自以为比高帝如何？”

“我岂敢与先帝相比！”

“陛下以为臣与萧何比谁贤明些？”

“你不及萧何！”

“陛下所言极是。高帝与萧何共定天下，朝政清明，百姓安乐。所定法令深入民心，百官守职。陛下与相国只要继承先帝的章法，守而不变，遵而勿失，天下则安矣，何必节外生枝？”

孝惠帝忽然明白了曹参的心思，频频点头称赞他说：

“曹相国真忠臣也，可说是萧规曹随啊！”

秦时施行暴政，楚汉之争又战乱连年，于是汉朝建国后人心思定，国家建设和发展是首要之务，用现代的话说就是要老老实实搞发展。萧何先是做到了，曹参继承了相位以后，并不来个“新官上任三把火”，追求功绩，而是非常清楚国家形势。他该做什么，不该做什么，心中了然，这正是他的聪明之处。

可见，人光有才华不够，光有能力也不足以立天下，真正的聪明人看得清成败的规律与社会局势，懂得把握好进退的尺度。

前人经验，要从中借鉴

原典

推古验今，所以不惑。

意译

以古人之兴衰成败为鉴，体察当世，便可以减少迷茫、疑惑。

修身智慧

前人宝贵的、合理的经验能使我们少走许多弯路。虽然时代在进步，但历史总是在时光交替中以另一种版本在现世演绎。因此黄石公才说“推古验今，所以不惑。”王氏在解读中认为：“若将眼前公事，比并古时之理，推求成败之由，必无惑乱。”因此，前人积累的知识和经验我们要学习，但最重要的是要从中借鉴，并学以致用，避免走弯路。

有个渔人有着一流的捕鱼技术，被人们尊称为“渔王”。然而“渔王”年老的时候却非常苦恼，因为他的三个儿子的渔技都很平庸。于是他经常向人诉说心中的苦恼：“我真不明白，我捕鱼的技术这么好，为什么儿子们的技术这么差？我从他们懂事起就传授捕鱼技术给他们，从最基本的东西教起，告诉他们怎样织网最容易捕捉到鱼，怎样划船最不会惊动鱼，怎样下网最容易请鱼入瓮。他们长大了，我又教他们怎样识潮汐，分辨鱼汛……凡是我常年辛辛苦苦总结出来的经验，我都毫无保留地传授给了他们，可他们的捕鱼技术竟然比不上技术比我差的渔民的儿子！”

一位路人听了他的诉说后，问：“你一直手把手地教他们吗？”

“是的，为了让他们得到一流的捕鱼技术，我教得很仔细很耐心。”

“他们一直跟随着你吗？”

“是的，为了让他们少走弯路，我一直让他们跟着我学。”

路人说：“这样说来，你的错误就很明显了。你只传授给了他们技术，却没传授给他们教训，对于才能来说，没有教训与没有经验一样，都不能使人成大器。”

如果忽视经验的作用，一味我行我素，往往会得不偿失。然而总是有些人目空一切，不记先辈教训，这样的人容易在纷繁的世界中迷失，最终落入“前车倾覆，后车复然”的境地。通过实践活动，尤其是长时间的实践活动所积累的经验，有一定的启发和指导意义，值得重视和借鉴，它有助于人们在后来的实践活动中更好地认识事物、处理问题，但应该注意和认识到，我们学习前人的经验，必须学会鉴别和运用，否则学习经验只会变成盲从。

深谋远虑，察觉祸机

原典

先揆后度，所以应卒。

意译

事先揣测、度量，做到心中有数，便可以审时度势，随机应变，处理突发之事。

修身智慧

张商英对《素书》“先揆后度，所以应卒”的解读是：“执一尺之度，而天下之长短尽在矣。”可见，对事情有预先的谋划与预见对于行事有着重要意义。古人云：“谋深，虑远，成之因也。”做人做事，只有深刻认识到谋与虑在成功中的重要地位和作用，谋得深，虑得远，才能拥有成功的人生。

战争开始之前，需要仔细地谋划。所有的事情开始之前，都需要有全局的观念与考虑，正所谓，“运筹帷幄之中，决胜千里之外”。只有见识高超、深谋远虑的人，才能不被眼前的事物迷惑，才能站在更高的高度看问题，才能敏锐地察觉到牛活中细微的祸机，预先计划好对策，以免祸患降临己身。

宋真宗时，后宫李妃生子，就是后来的宋仁宗。当时正得宠的刘皇后无子，宋真宗便命刘皇后认仁宗为子。仁宗长大后，以为自己是皇后亲生。宫中人畏于皇后威严，没人敢对仁宗说明真情，仁宗对刘皇后也极为孝顺。

宋真宗去世，仁宗即位，刘太后垂帘听政，大家更没人敢对仁宗讲明，李妃身处真宗的众多嫔妃中，对仁宗也不敢露出与众不同之处。

后来李妃病死，刘太后想把葬礼办得简单些，以免引起别人的疑心。宰相吕夷简却反对，在帘前争执说："李妃应该厚葬。"

当时仁宗正在太后身边，刘太后吓了一跳。她忙令人把仁宗领出去，然后厉声问吕夷简："李妃不过是先帝的普通嫔妃，为何要厚葬？况且这是宫里的事务，你身为宰相，多什么嘴？"

吕夷简平淡地说："臣身为宰相，所有的事都该管。如果太后为刘氏宗族着想，李妃就应厚葬；如果您不为刘氏着想，臣就无话可说了。"刘太后沉思许久，明白了吕夷简的用心，下旨厚葬了李妃。

吕夷简出宫后，找到总管罗崇勋，告诉他："李妃一定要用太后的礼仪厚葬，丝毫不能有缺。棺木一定要用水银实棺，可别说我没告诉过你。"罗崇勋见宰相少有的庄重与严厉，唯唯听命，对于葬礼用物丝毫不敢轻视。

刘太后死后，燕王为了讨好皇上，便告诉仁宗："陛下不是太后所生，而是李妃所生，可怜李妃遭刘氏一族陷害，死于非命。"仁宗大惊，忙传讯老宫人。刘太后已死，无人再隐瞒此事，便如实禀告。

仁宗知道后，痛不欲生。他在宫中痛哭多日，也不上朝，一想到亲生母亲朝夕在左右，自己却不知道。母亲在世之时，自己从未孝养过一日，最后竟然不得善终。他越思越痛，自己下诏宣布自己为子不孝的大罪，改封母亲为皇太后，并准备为母亲以太后之礼改葬，待改葬后再查实、清算刘太后一族的罪过。

然而宫闱秘事本来就无法查实，也无法说明。刘氏宗族的人知道后惶惶不可终日，又无法申辩，只能坐待灭族大祸了。大臣们见皇上已激愤到极点，便没人敢为刘太后一族说上一句话。

改葬李妃时，仁宗抚棺痛哭，却见李妃因有水银保护，面目如生，肌体完好，所用的葬器都严格遵照太后的礼仪。仁宗大喜过望，哀痛也减轻许多，他对左右侍臣说："小人的话真是不能信啊。"改葬完后，仁宗非但不追究刘氏一族的罪过，反而待之更为优厚。

试想如果仁宗打开母亲的棺木，见到陪葬的器物十分简朴，仁宗痛上加痛，刘氏家族想要保留一条活命都不可能了。在处理仁宗生母葬礼的这件事情上，吕夷简显示出了常人难以企及的深谋远虑。其实，无论是在生活中还是在工作中，人们都要把自己的眼光放长远一点，才能获得长远的利益。成功属于那些有远见的人。想要有所成就的人，必须学会思考，从长远考虑，才会获得更大的成就和更长远的利益。

看到未来，目光长远

原典

无远虑者，有近忧。

意译

不深谋远虑，则无法避免忧患的产生。

修身智慧

一个人在成功的道路上能走多远，要看他是否有长远的眼光。“无远虑者，有近忧”，说的就是这个道理。有很多成功人士面临过金钱的诱惑，有的经历过困境的阻挠。如果不是因为他们能够很清楚地看到未来的图景，他们也许就会被眼前的利益诱惑与困境束缚。

战国时期，有一对好友共同受业于当时的名师鬼谷子的门下。他们就是我国历史上有名的说客苏秦和张仪。

苏秦出道较早，成功也来得顺利，而张仪初出道时较为普通，郁郁不得志，不知前途如何。看到苏秦已成大事，便想投身门下，找到一条晋升的捷径。于是，他来到苏秦的门下，期望求见。一连几天，苏秦也没有来见他。之后，苏秦的属下安排他住下来，好不容易才碰上这位发达了的老友。可惜，苏秦没有热情地款待他，吃饭的时候，不但没有同坐，还安置他在最末的位子，吃着仆役们才吃的粗饭。接着苏秦又用话语羞辱他，说："以阁下的才干，怎么会潦倒到如此地步呢？我实在没有法子帮你，你还是靠自己的运气吧！祝你好运。"

远道而来的张仪，满以为见到老朋友之后，一定会得到热情的招待和帮助的，没想到反而招来无名的羞辱，于是，愤怒地离开了苏秦的住处，希望凭着自己的才能，与苏秦一争高下。当张仪走了以后，苏秦又暗中派人沿途用金钱接济他，支持他进行游说秦国的工作。苏秦的门人们很奇怪，纷纷问苏秦是怎么回事，苏秦说："张仪的才干在我之上，我怕他为了贪图一时的眼前小利，过分安于现状而丧失了斗志。所以，我侮辱了他一番，以便激起他上进的心。"

张仪是幸运的，有他的好朋友在激励他、帮助他。并不是所有的人都有这样的朋友，所以，不断提醒自己、激励自己，让自己的目光始终盯着远方，让自己沉浸在实现远大目标的行动之中，这才是最为重要的。

眼光长远的人往往能走在时代的前沿。他能看见别人不能看见的东西，掌握事物发展的未来趋势，因而能先行一步。在我们这个竞争日趋激烈、创业变得日益艰难的时代里，这是成功不可或缺的元素。短视者只能迎接失败，即使他们曾经拥有过很优越的条件。他们往往被眼前的利益所迷惑，在透支享受今天的同时，忘记或忽略了给明天播种，最后只能被明天抛弃。这就像下棋一样，技高者能看出五步、七步甚至十几步棋，技低者只能看出两三步。高手顾大局，谋大势，不以一子一地为重，而以最终赢棋为目标；低手则寸土必争，结果在辛苦中屡犯错误，以失败告终。

人生就像是马拉松比赛，谁先到达终点，谁就是胜者，谁就是英雄。没听说过有什么人可以在不断采摘路边野花的同时获得冠军。而且，过程是为目标服务的，再美妙的过程如果得到的是苦果，也不会有太大的意义。

做任何事都不会一帆风顺，总要面临曲折。这就要求你在最困难的时候，要有长远的眼光，自己给自己定好位。

莫让我们的梦想因别人的几句冷言冷语而熄灭。安于现状，只会使你丧失获得更卓越成就的能量。只要你的眼光看得够远，就一定能真正飞起来。

未雨绸缪，防患于未然

原典

患在不预定谋。

意译

祸患之所以产生，是因为没有事先仔细谋划。

修身智慧

《易经·坤》有云："初六，履霜，坚冰至。"意思是说：坤卦初六说，脚下已经踩到霜了，坚冰必不在远，阴气开始凝聚，顺其发展下去，必至于结成坚冰。冰冻三尺，非一日之寒。脚踩到霜的时候，就要想到结坚冰的寒冷日子即将到来。《诗经》上说："迨天之未阴雨，彻彼桑土，绸缪牖户。"在未下雨时，鸟儿便啄剥桑根皮来修补巢穴了。黄石公也在《素书》中告诫："患在不预定谋。"人们蒙受灾祸往往是因为没有充分的准备。古人的话都在告诉我们同一个道理：凡事早作打算，才能远离危机。

有长远眼光的人，在做事之前都会做好准备，以防患于未然。不做任何准备常常会招致失败，而目光短浅的人是不会注意到及早做准备的重要性的。

南宋绍兴十年七月的一天，杭州城最繁华的街市失火，火势迅猛蔓延，数以万计的房屋商铺在一片汪洋火海之中，顷刻之间化为废墟。有一位裴姓富商苦心经营了大半生的几间当铺和珠宝店，也恰在那条闹市中。火势越来越猛，他眼看着大半辈子的心血将毁于一旦，却并没有让伙计和奴仆冲进火海，舍命抢救珠宝财物，而是不慌不忙地指挥他们迅速撤离，一副听天由命的神态，令众人大惑不解。然后他不动声色地派人从长江沿岸平价购回大量木材、毛竹、砖瓦、石灰等建筑用材。当这些材料像小山一样堆起来的时候，他又归于沉寂，整天品茶饮酒，逍遥自在，好像失火压根儿与他毫不相干。

大火最终被扑灭了，但是曾经车水马龙的杭州，大半个城已经是墙倒房塌，一片狼藉。几日后，朝廷颁旨：重建杭州城，凡销售建筑用材者一律免税。于是杭州城内一时大兴土木，建筑用材供不应求，价格陡涨。裴姓商人趁机抛售建材，获利颇丰，其数额远远大于被火灾焚毁的财产。

为了得到一个最令你满意的结果，你必须在行动之前，把所有导致既定结果的方法和途径考虑进来，并为之做好充分的准备。一个缺乏准备的人一定是一个差错不断的人，纵然具有超强的能力，也不能保证稳稳获得成功。从长远来考虑，缺乏充分准备的行动会让一切陷入无序，让你面临失败的危险。

还有一些人虽然很努力，却很盲目，根本没有明确、长远的计划，更谈不上充分的准备，往往是闷不吭声地埋头苦干，一遇到风云变幻，就会屡屡失败。在当今这个竞争激烈的时代，要想在社会上拥有一席之地，你就必须懂得未雨绸缪，防患于未然，这样，人生之路才能走得更踏实、更长远。

当你的能力超出常人十倍、百倍的时候，天赋几分，机会几何，需要清醒地回答自己。对成功的人来说，神奇的背后，完全是冷静地运筹。“预则立，不预则废”对所有想得到成功的人都是真理。

辨明是非，知众容非

原典

才足以鉴古，明足以照下，此人之俊也。

意译

才识渊博，便知以古为鉴；聪明睿智，可以体察下属，明辨是非。这样的人可谓人中才俊。

修身智慧

“观照力”即是人对事物的判断能力及吸取经验的能力。有观照力的人就如《素书》中所言：“才足以鉴古，明足以照下。”其中，“才足鉴古”指的是懂得用前人的经验来指导自己。这样的人拥有洞察未来的清明心眼。

杜牧在《阿房宫赋》中慨叹“秦人不暇自哀，而后人哀之；后人哀之而不鉴之，亦使后人复哀后人也”。以史为鉴，可谓“明智”，但真正心眼明亮的人，除了能够从过去的经验中找到行事的准绳外，还能辨明当下的是非，知众而能容众非，即“明足照下”。如果当年魏文侯在乐羊事件上没有做到“明足照下”，或许他就会失去一位良将。

乐羊是战国时期魏国的名将，他才华出众，品德高尚。魏文侯三十八年，他奉命出兵讨伐中山国，而这时他的儿子乐舒正在中山国做官。两国交战，中山国以乐舒要挟乐羊退兵。面对复杂的形势，乐羊对中山国采取了围而不攻的策略。

当消息传到魏国的时候，一些官员便纷纷向魏文侯告状，说乐羊之所以围而不攻，是为了保护他的儿子。魏文侯听了之后，做了两件事：派人到前线慰问部队；为乐羊将军修建新的住宅。“士为知己者死”，“知己”二字便在于对方所给予的信任。魏文侯的信任，令乐羊十分感动。

被围困已久的中山国国君眼看着已经没有突破敌人的方法，只好杀死了乐舒，煮成肉羹，送给乐羊。乐羊说：“乐舒帮昏君做事，死如粪土。”随即下令攻城，中山国灭，国君自杀。

“才足以鉴古，明足以照下”，通古今之变，鉴于往事，有资于治道，明察秋毫令奸佞小人无处藏身，同时又能避免贤人良才受冤。“观照力”强的领导总是能够吸引忠厚的人才为其效命。人才也会充分发挥才干，为领导的事业提供最大助力。

察人之明，看得穿小人

原典

殚恶斥谗，所以止乱。

意译

憎恨奸恶之徒，排斥谗佞小人，这样可以防止社会动乱，维持太平盛世。

修身智慧

人们一般都喜欢听对自己的夸奖，而不喜欢听对自己的责备。不过，前辈先贤却宁可接纳君子的责备，也不轻信小人的谄媚。君子的责备，往往是真诚地给人指出错误，劝导人们向善，完善人们的品行。而小人的赞美，往往出于某种机心取悦于人，是为了蛊惑人心，以达到自己的某种不可告人的目的。所以，君子的责备，即便严苛，人们也应该恭听躬行；小人的赞美，即便悦心，也不可轻易入耳。只要自己胸怀坦荡，仰不愧天，俯不怍地，小人的记恨也就没什么值得挂心的了。

明朝有个叫徐均的人，担任过阳春(今属广东)主簿。阳春地处偏僻，山高皇帝远，当地的土豪劣绅盘踞那里，肆无忌惮地干尽坏事。以往阳春的长官一到任，土豪就送给他很多财物行贿巴结，从而互相勾结，把持地方政务。

徐均到任后，邑吏告诉他按惯例应当去拜访莫大老。因为莫大老在当地很有势力。徐均说："这人不也是朝廷的属民吗？不服管就用王法来制裁他。"于是拿出朝廷赐的两把剑给人看。莫大老害怕了，赶紧到官府拜见请罪。徐均查清他的各种违法行为，把他逮捕入狱。第二天一早，莫大老家的人想送给他两个瓜和几个石榴，实际上里面全是黄金珠宝。徐均连看都不看，就命人把送东西的人抓起来关到府里。阳春在徐均的治理下，社会安定，百姓安居乐业。

后来，徐均又被调往阳江，阳江在他的治理下，社会同样非常安定。徐均执法公正廉明，根本不在乎被小人忌恨，也不在乎受权贵打击。徐均为人正直无私，那小人的伎俩又奈他何？

徐均为人耿直，为官清廉，并且能够不为利益所惑，始终保持自己的操守，着实难能可贵。此外，他还有察人之明，看得穿小人的不轨之心，自然不理会他们的蛊惑，也不在乎他们的记恨，自得一种常人难及的洒脱境界。

贞观初年，唐太宗对身边的大臣们说："我看前朝那些进谗言的小人，都是国家的害虫。他们花言巧语、阿谀奉承、互相勾结、结党营私，如果国君昏庸，没有不被迷惑的，忠臣、孝子就要因此含冤了。兰花长得正茂盛，秋风却来摧残它；国君想要明察事理，进谗言的人却去蒙蔽他。自古以来因小人谗言误国的事例不胜枚举。'亲谗远忠'也就成了亡国的大患。"

自古以来，统治国家的人，如果听信谗言诬陷，胡乱残害忠良臣子，必然会导致动乱发生。而唐太宗对谗言的防备和对忠言的肯定，使得他成为一个“亲贤臣、远小人”的明君。

从一举一动间察觉人心

原典

羊质虎皮者柔。

意译

绵羊即使披上虎皮，也并不刚强。

修身智慧

北魏节闵帝时期，尔朱荣把持朝政。贺欢以清君侧为名，带兵攻打尔朱荣，得了人心，聚集了正面力量，最后成功杀了尔朱荣。

尔朱荣的弟弟尔朱世隆在外省为将，招兵买马，准备报仇雪恨。他的一个部将叫房弼，时任青州刺史，是一员著名的猛将，对尔朱氏一家一向忠心耿耿。他招集部下，欲割手臂上的血为盟，以齐心协力、尽心尽力去帮助尔朱世隆。

都督冯绍基是房弼的助手，深得房弼的信任。他对房弼献计说："现在天下大乱，人心不齐，要表现真诚之心，如果冒着严寒，割心前之血为盟，岂不是更能得天下人之心？"房弼是个血性之人、直肠子，将心比心，认为这个主意很好，就招集所有部下和当地老百姓，当着众人的面，在冰天雪地里，赤裸着上身，气壮声雄地叫冯绍基动手。冯绍基举刀割房弼胸前时，出乎意料地轻轻一推，就把房弼杀死了，然后带着人马投奔了节闵帝。

房弼对人判断不准，把奸贼当忠臣看，最后死于非命。一样米养百种人，世上有披着羊皮的狼，也有藏于石中的玉。因此，识人一定要带上"透视镜"，看穿表面，才能分清眼前的人究竟是玉还是石，是羊还是狼。

要做到"眼亮"，首先要"心明"，要想"心明"就要掌握人们言行的规律，熟谙这些规律，再结合实际情况进行具体分析，才有可能辨出真伪。言为心声，人们的言行都受心理活动的制约，能够体现出一定的本性和习惯。

此外，要提醒自己，经常恭维你的人，他的表现很可能是不真实的。在很多时候，有的人表现出一副忠厚老实的样子，其实这是一种伪装，这种人虽然很善于伪装自己，但却往往藏不住内心的虚伪。遇到这种假意奉承、勉强附和的人，领导者千万不要被他的美言所迷惑。

要看懂他人的内在，就必须静观其所作所为，从他的一言一行中把握，但看人是一门高深的学问。正确了解、判断一个人，不能光凭言行的外在表现，还须从更细微处观察。

人们细微的言语举动，就像是战争环境中的一草一木，尽管微小，却无比真实。从风吹草动中能发现制胜之机，也能从一举一动间察觉人心底的秘密。再细微的言语举动，也都是人内心世界的反映，只要用心去揣摩、去回味，用不了多长时间，便能发现对方的特性。

把话说到对方心坎里

原典

括囊顺会，所以无咎。

意译

谨言慎行，举止顺应大局，这样才能远离纠纷，免遭祸患。

修身智慧

前文提到的“括囊顺会，所以无咎”的含义，在宋朝宰相张商英看来是“君子语默以时，出处以道”之意，而王氏亦将此番道理应用于为官者身上，认为：“为官长之人，不合说的却说，招惹责怪；合说不说，挫了机会。”

纪晓岚年纪轻轻就官至礼部尚书、协办大学士，不仅由于他的才学出类拔萃，还因为他心明眼亮，懂得凭借自己的才华，把对乾隆的称赞融于美言妙辞当中，正中其下怀。

清初，漠西准噶尔部原一直归服清廷。但自康熙中期以后多次欲行分裂，康熙、雍正时期曾一度平复，却始终没有从根本上解决问题。乾隆十九年，准噶尔内部发生分化，次年二月清军两路出兵，平定伊犁。

消息传来，乾隆皇帝特别高兴，特命颁示天下，并设盛宴庆贺。席间，乾隆皇帝命纪晓岚即席作赋。不多时，纪晓岚书成三千言《平定准噶尔赋》一篇，跪呈乾隆皇帝。乾隆皇帝喜不自禁，破例令纪晓岚当着诸卿之面吟诵。

三千言赋文，吟诵起来也是要用不少时间的，可纪晓岚即席而作，而且用典准确，文字优美，气势磅礴，一气呵成，实在是闻所未闻，令人惊奇。更重要的是，纪晓岚凭借自己的才华，于美文妙辞中，巧妙地歌颂了清朝平定准噶尔部的武功之盛，特别是乾隆皇帝在其中的英明韬略，使好大喜功的乾隆皇帝听着非常舒服，所以乾隆不由自主地高喊一声“妙！”群臣才交耳赞叹，活跃起来。

或许就因为此事太引人注目，给乾隆皇帝留下的印象太过深刻，次年秋天，也即乾隆二十一年秋，纪晓岚“初登词苑班，即备属车选”，以纂修《热河志》扈从承德。这在清代翰林院的历史上是很少有的。

很多时候，自己的前途受到威胁，如果没有良好的口才为自己辩解，那就只有等着告老还乡。秦末时期陈平三易其主引得别人怀疑，遭众人背后非议，引得汉王也对他表示怀疑，倘若他是个闷葫芦，只会埋头苦干，而不善言辞，肯定做不到护军中尉。

当初，陈平在投奔到汉王刘邦那里的当日，经过与刘邦的一番交谈，得到了刘邦的重用。刘邦任命陈平为都尉，并让陈平做自己的骖乘，主管监督联络各地将领。陈平很是高兴。

后来陈平随刘邦作战，但出师未捷，大败而退。许多人对陈平的才能表示了怀疑，尤其对刘邦一味地重用陈平感到不可理解，就连周勃、灌婴这样的老将都在说陈平的坏话。

他们说："陈平即使是美男子，也不过像装饰帽子的美玉罢了，他的肚子里未必有奇谋异策。我们听说陈平在家时，与他的嫂子私通；侍奉魏王不能容身，逃出来归顺楚王；归顺楚王又不如意，跑来投奔汉王。如今大王器重他，授予他很高的官职，要他监督各部将领。我们听说陈平接受他们的贿赂，金钱给得多的得到的待遇就好，而金钱给得少的得到的待遇就差。陈平是个反复无常的乱臣，希望大王好好审查他。"

汉王听完这话后，也有些怀疑起来，于是招来魏无知加以责问，魏无知说："我所说的是才能，而大王所问的是品行，这完全不是一回事。假如有尾生、孝己那样的品行，然而对于决定胜败的关键无益的人，大王又哪会去使用他呢？楚汉相持不下，我推荐奇谋之士，只考虑他的计谋能否有利于国家。至于私通嫂子，接受金钱，又何必如此加以怀疑呢？"

汉王于是又招来陈平责问道："先生侍奉魏王不如意，便离开他而去侍奉楚王，如今又跟随我，谁知日后你又会投降到何处，讲信用的人原来都是这样三心二意的吗？"

陈平回答道："我侍奉魏王，魏王不能采纳我的主张，因此我离开他去奉项王。哪知项王又不能信任人，他所信任和宠爱的不是姓项的本家就是他老婆的兄弟，即使有奇谋之士也得不到重用，我这才离开楚军的。听说汉王能够用人，因此来投奔大王。我空手而来，没有金钱就没有可资一用的费用，因此我接受他们的金钱。如果我的计谋有值得采纳的地方，希望大王采用；假如没有值得用的地方，金钱都还在，我可以封存起来送到官府，请求辞职。”

听罢这席话，汉王知道自己错怪了人，赶忙向陈平道歉，并且给他更为丰厚的赏赐，任命他为护军中尉，所有将领都归他一人监督。将领们再也不敢说什么了。

可见，嘴上功夫看似雕虫小技，却有可能因此改变人的一生。埋头一声不吭的人，没有人看得见他的能力，即使他满腹经纶，才华横溢，道不出来也只是空留余恨，哀叹无人赏识。

明白物极必反的道理

原典

山峭者崩，泽满者溢。

意译

山势过于陡峭，则容易崩塌；沼泽蓄水过满，则会漫溢出来。

修身智慧

老子在《道德经》中说：“曲则全，枉则直，洼则盈，弊则新，少则得，多则惑。”其想要表达的重点也就是中国人常说的一句话：物极必反。关于这一道理，黄石公在《素书》中用“山峭者崩，泽满者溢”八字作了概括，即事物变化的最大通则，一事物若发达至于极点，则必一变而为其反面。

这一古人从自然现象中领悟到的朴实道理，虽早已达到了人所共知的程度，但真正能引以为戒的人却并不多。比如历史上的名人智伯瑶，本来是个非常聪明的人，差一点就一统中原，可是不明白物极必反的道理，最后落得凄惨下场。

春秋时期，中原霸主晋国经过常年的争霸战争，国势渐渐衰落，实权由六家大夫把持。他们各自为营，相互攻打。后来有两家被打垮，剩下四家，智、赵、韩、魏。其中智家势力最大。

智家的大夫智伯瑶野心不小，对其他三家的土地虎视眈眈。于是他对三家大夫赵襄子、魏桓子、韩康子提出每家都拿出一百里土地和户口来归给公家。其实是想借公家的名义来霸占这些土地。

智伯瑶的不良居心早就暴露了，大家对此也心照不宣。但是这三家当时还没有坐在一条船上，韩家首先割地给智家，魏家一看这形势，也不敢得罪智伯瑶，于是最后只剩下赵襄子寸土不让。火冒三丈的智伯瑶立刻命令韩魏两家一起攻打赵家。寡不敌众的赵襄子最后带着兵马撤退到了晋阳，也就是现在的山西省太原市。

智伯瑶围攻了晋阳城两年多也没有攻克，有一天，他去城外查看地形，突然有了办法，把绕过晋阳城向下流的晋水向西南边引来，就可以淹了晋阳城。这个办法果然奏效，智伯瑶得意得昏了头，带着韩康子和魏桓子去显摆他的金点子。韩康子和魏桓子暗自吓了一跳，因为他们两家的封邑旁边也各有一条河道。智伯瑶正好提醒了他们，说不定有一天自己也会遭此厄运。

正好赵襄子派人偷偷摸摸找到韩、魏二人，三家一拍即合，决定反过来结盟攻打智伯瑶。可怜的智伯瑶还在做着黄粱美梦的时候被赵襄子一刀砍下了脑袋。赵襄子还是觉得不解气，又把智伯瑶的脑袋做成沥水用的容器，“夜壶”这项发明就是由此而来。

虽然现实生活中的人们不会遭遇如智伯瑶的悲惨下场，但在物极必反的规律之下，所有人都是平等的，都必须承受“过度”所带来的后果。

《尹文子·大道上》有一个故事：

齐国有一个姓黄的老相公，他有两个女儿，都长得十分漂亮，堪称国色天香。但这位黄公每与人谈起他的两个女儿，总是“谦虚”地说：“小女质陋貌丑，粗俗蠢笨。”这些话被一传十、十传百，以致他两个女儿的“丑陋”远近闻名，直到过了婚嫁的年龄，仍无人求聘。后来有个鳏夫，因无钱再娶，无奈之下，便到黄公门上求婚。黄公因大女儿年龄已大，也不再考虑是否合适，便一口答应了。婚礼完毕，这位新郎揭开新娘的盖头一看，不禁大喜过望，原来自己娶到的竟然是一位绝代佳人。消息传开，人们才知道黄公言之不实，于是一些名门子弟竞相求娶他的小女儿。齐国黄公本想得到一个谦虚的美名，但由于他谦虚过分，反而耽误了女儿的青春，实在是得不偿失。

如想避免此类事情的发生，唯一的办法便是把握好物极必反中的那个“极”。这个“极”的界限究竟在何处，冯友兰先生做出了回答：一个可以适合一切事情的界限，是无法划出来的。就像我们平常吃饭，吃得适当，就对身体有益，吃得太多反而会生病。究竟什么样的分量才算合适，那是因人而异的。

或许我们无法明确每件事的“极”在哪里，但只须细细品味，只要用心把握，沿着平坦的大路走，将事情做到恰到好处，一样能避开物极必反的魔咒。

见利而不苟得，此人之杰也

——取舍的智慧

给人生做一次“减法”

原典

绝嗜禁欲，所以除累。

意译

杜绝不良嗜好，禁止非分妄想，可以免除不少烦恼和牵累。

修身智慧

明代的《解人颐》中，有一篇很有哲学意味的白话诗：“终日奔波只为饥，方才一饱便思衣。衣食两般皆俱足，又想娇容美貌妻。娶得美妻生下子，恨无田地少根基。买到田园多广阔，出入无船少马骑。槽头扣了骡和马，叹无官职被人欺。县丞主簿还嫌小，又要朝中挂紫衣。若要世人心里足，除是南柯一梦西。”这首诗一针见血地道出了人类心中有无穷无尽的欲望。

当下的社会是一个科技发达、物质丰富的社会，人们心中的欲望常被挑逗得像是看见红色斗篷的斗牛：他人暴富的经历，让人们血脉偾偾张，跃跃欲试；时尚名牌漫天飞，哪能心如止水；美女香车招摇过，人们的心也早已蠢蠢欲动；更不能忍受的是别墅洋房的诱惑……因此，太多的时候，人们会被世上的名利、金钱、物质所迷惑，心中只想得到，只想将其统统归于己有，而舍不得放下。于是心中就充满了矛盾、忧愁、不安，心灵上就会承受很大的压力，以至于活得很累很累。所以，黄石公才劝诫人们："绝嗜禁欲，所以除累。"其实，人生很多时候都会出现类似的问题，因为想要的太多，而使身上背负远远超出负荷的东西。面对这种情况，解决的办法只有一个，给自己的人生做一次"减法"，将那些多余的"欲"扔掉。

简单生活不是吝啬，也不是做"苦行僧"。简单未必回归田园，简单也不是无所事事，简单是回到心灵的单纯明净与精神的轻松愉快中。简单生活是经过深思熟虑后，呈现真实自我，过上目标明确的生活，是一种丰富、健康、和谐、悠闲的生活方式。

"豪华奢侈绝得不到正常人的尊敬，只能换取马屁摇尾。而对于马屁精的摇尾，用更低廉的价格，照样可以购得。因此之故，任何情形下，节俭都是美德，不但能保持心灵，还能保护老命。"这是柏杨先生所说的"保护老命"。未免有点吓人，但却不无道理。"恭俭谦约，所以自守"是保持操守的必要条件。从内心开始，在衣、食、住、行上遵循和把握一种适度原则，做到简化物质生活，寻找到内心世界新的平衡点，抵制物质带来的焦虑感。正如冯友兰先生所说："与其设种种方法以满足欲，不如在根本上寡欲。欲愈寡即愈易满足，而人亦愈受其利。寡欲之法，在于减少欲之对象。"减少欲望的好处在于，需求越少，得到的自由就越多。

当一个人为了追求金钱而不惜一切的时候，也就等于把自己的生命赌给了金钱，自己也就变成了金钱的奴仆，得不到的时候为得不到而忧愁，得到了又因为担心失去而焦虑。他把坚持多年的晨练和傍晚散步的习惯丢掉了，因为时间就是金钱了，不能把宝贵的时间浪费在散步上；他与妻子儿女在一起的时间越来越少了，因为他有他认为更重要的事情要做；在家里待一个晚上不会有任何效益，而他出去一个晚上，一笔大生意可能就成了。

当一个人把拥有一栋豪宅作为自己的目标和荣耀的时候，也就是把自己变成了豪宅的仆人了，每一天置身于它的豪华房间里，精心地去布置、去摆设，精心地去维护它的整洁和秩序，为了它的尊贵而谨小慎微。本来家是一个让他休息的地方，但有了豪宅就不同了，它让他变成了它的仆人，整日让他为它服务。

有了一部好车，他就开始每天都为它担心了，担心被别人撞了，担心丢失了，还要时时看着周围人们是否都投来羡慕的目光。

用上了昂贵的化妆品，他就开始担心了，担心灰尘毁坏了面部的造型，担心不小心用手抹下了痕迹。

穿上了一套高级的衣服，种种的禁忌就来了，要定期干洗，要定期熨烫，要躲避拥挤，要有配套的衬衣和皮鞋，还要时刻注意走路的姿势和形象。

追求生活的品质并没有错，但是有品质的生活并不一定就体现在物质层面，它还蕴涵着丰富的精神内容，否则越是奢侈就越会显得没有品位。一个需要用浑身的金石来彰显自己的财富的人，从头到脚无不凸显了佩戴者的庸俗。其实人生在世完全没有必要搞得那么“隆重”，简单的生活、简单的心才容易获得幸福与快乐。

欲望须用“度”来控制

原典

苦莫苦于多愿。

意译

人世间最痛苦的事，莫过于欲壑难填。

修身智慧

古人一直强调要清心寡欲，抛却执妄。庄子说：“道与之貌，天与之形，无以好恶内伤其身。”意思是生活要顺其自然，要不增不减，抛却心中的妄情、妄念、妄想，保持一片清明境界，才是上天给我们的道。这个道就是本性，人活得很轻松，一天到晚头脑清清楚楚，不妄加后天的人情世故。如果加入后天的意识上的人情世故，就会有喜怒哀乐，就会伤害身体影响寿命。黄石公说："苦莫苦于多愿。"这正如王氏在解读时所说："心所贪爱，不得其物；意在所谋，不遂其愿。二件不能，自苦于心。"

扬州有个商人，一天，他和几个同伴乘船返回家乡。哪知小船到了河中间的时候，突然破了，水一个劲儿地往船里漏。眼看船就要沉了，于是大家干脆全都跳下船，准备游到对岸去。但这个扬州人，虽然拼命地向前游，却游得很慢。

同伴问他："你游泳技术比我们都好，今天怎么啦，竟然落在我们后面？"这个人十分吃力地说道："我腰上缠着金子，很沉，我游不远。""赶快把它解下来，丢掉算了。"同伴们都劝告他。可是他摇着头，舍不得扔掉这些金子，渐渐地这个人越游越慢，几乎要精疲力尽了。

这时，同伴们都已经游到了对岸，看见这人马上就要沉下去了，于是就冲他大喊："快把金子扔了！你为什么这样愚蠢，连性命都保不住了，还要这些金子有什么用？"可是这个人终究还是舍不得这些金子。不一会儿，他就沉下去被淹死了。

一个带着过多包袱上路的人注定不会走得太快，只有卸下身上的包袱才可能轻装前进，我们总是让生命承载太多的负荷，这个舍不得丢掉，那个舍不得丢掉，最终被压弯腰的是我们自己。

人的欲望就像个无底洞，任万千金银也是难以填满的。欲望需要用"度"来控制。人具有适当的欲望是一件好事，因为欲望是追求目标与前进的动力，但如果给自己的心填充过多的欲望，只会加重前行的负担。人的贪念越多，附加在心上的负担也就越重，可明知如此，许多人却仍然根除不了人性劣根的限制。对于真正享受生活的人来说，任何不需要的东西都是多余的。适当放下是一种洒脱，是参透人性后的一种平和。背负了太多的欲望，总是为金钱、名利奔波劳碌，整天忧心忡忡，又怎么能有快乐呢？只有放下那些过于沉重的东西，才能得到心灵的放松。

一只青蛙想离开沼泽地，到一个新的地方去生活。经过一番认真的考察之后，它真的把家搬到了后山上的一个小洼地里，那里长满了茂密的灌木丛，很阴凉，蚊子等小昆虫也很多，青蛙在这里衣食无忧，生活得很舒服。然而好景不长，夏天到了，火辣辣的太阳炙烤着大地，青蛙新居周围的环境也变得干燥无比，许多灌木忍耐不了持续的高温和干旱，都慢慢枯死了，地上甚至都要裂出缝来。青蛙忍受不了这样的环境，就在它的新居里祈求老天爷："老天爷啊，求你别再让我这个可怜的动物受罪了，我求你下一场大暴雨，把大地和这个山头都淹没，让我的新房子也永远湿润，这样我才喜欢。"

然而，天空依然晴朗，太阳甚至更加毒烈地炙烤着大地。青蛙一遍又一遍地祈求，却没落下一滴雨，最后，青蛙愤怒了，它破口大骂起来："你这个狗屁老天爷，你死了吗？你听不到我的祈求吗？你的眼瞎了吗？你的耳朵聋了吗？你真是枉为老天，却没有一点同情心，不明白一点事理，你看不见我都快被折磨死了吗？"上天听见了青蛙的话，并没有动怒，他只是严厉地批评了青蛙一顿，说："你这只自私自利的青蛙，你怎么能因为你自己的需求，要求我下暴雨把其他地方的人们都淹死呢？你不要再在这里吵吵嚷嚷的了，如果受不了，最好还是先回你的沼泽地去！"

青蛙为了自己舒服而全然不顾别人的死活，是个彻头彻尾的自私自利者。自私的人总把自己的利益摆在至高无上的地位，为了维护自己的利益，达到自己的目的，甚至会不择手段，从而暴露了自己的丑恶嘴脸。

内心充满欲望的人，即使在寒冷的深潭中也会烧起沸腾的波浪；内心没有私欲的人，即使在酷热的暑天也会感到浑身清凉。“心静自然凉”说的也是这个道理，所以，人们在生活中，不要太放纵自己的欲望，应该适时给欲望降降温，这样身心自然也就感到凉爽了。

知足者有吉庆之福

原典

吉莫吉于知足。

意译

知足常乐，这是最吉祥的观念。

修身智慧

黄石公在《素书》中说：“吉莫吉于知足。”认为知足者有吉庆之福，而老子在《道德经》中说："祸莫大于不知足。"意思是说一个人最大的坏处就在于他不知足，奉劝人们学会知足。孟子说："养心莫善于寡欲；其为人也寡欲，虽有不存焉者，寡矣；其为人也多欲，虽有存焉者，寡矣。"说的也是知足常乐的道理。一个人，活在世上，首先要学会知足，一个不知足的人，永远和幸福无缘。虽然这一道理人人都懂，却鲜有能真正做到者。

在人的一生中，也会有许多追求、许多憧憬。追求真理，追求理想的生活，追求刻骨铭心的爱情；追求金钱，追求名誉和地位。有追求就会有收获，我们会在不知不觉中拥有很多，有些是我们必需的，而有些却是完全用不着的。那些用不着的东西，除了满足我们的虚荣心外，最大的可能，就是成为我们的一种负担。

古人有句话叫"大道至简"，用今天的话来说，就是"越是真理就越是简单"。著名的美籍华裔数学家陈省身先生有一个很有趣的"数学人生法则"，数学的一个重要作用就是九九归一，化繁为简。智者的简单，并非因为贫乏或缺少内容，而是繁华过后的一种觉醒，是一种去繁就简的境界。简单的过程是一个觉醒的过程。大道至简，幸福的人生一定是一个去繁就简的人生，是一个节制自己欲望的人生。

财富也好，情感也罢，或是其他方面的欲望，都应把握好度，适可而止。多贪多欲，乃失败之根本。生活中，我们总是想要这个或那个，如果得不到，就不停地去寻找。如果已经得到，就会产生新的欲望，因此，即使得到了我们想要的，我们也仍旧不高兴。也就是说，当我们充满新的欲望时，是得不到幸福的。

一位心理学家指出：最普遍的和最具破坏性的倾向之一就是集中精力于我们所想要的，而不是我们所拥有的。对于我们拥有多少我们似乎并不以为意；我们仅仅在不断地扩充我们的欲望名单，这就导致了我们的不满足感。你的心理说："当这项欲望得到满足时，我就会快乐起来。"可是一旦欲望得到满足后，这种心理作用就会不断重复。因而，幸福也随之变得越来越远，甚至成为一个遥不可及的梦。

柏杨先生曾说："一个人的欲望如果只是追求金钱或权势，他便永不能获得满足，而不满足便不能快乐……物质的快乐，不等于心灵的幸福，物质的不快乐，同样也不等于心灵的不幸福。"幸福与物质无关，它是一种心态，一种满足感。在世俗的生活中，柏老无疑是个幸福的人。

据张香华女士回忆，她初识柏老之时，柏老住在一个改装过的汽车间里，"写字间与客厅合并"，"一间小卧室，用一排高大的书架充当墙壁"，"一切的琐事都要亲自处理"。这与我们想象中的样子完全不同，但柏老就是在这样的环境中，进行着自己的写作，且生活得很惬意。如果没有一颗知足常乐的心，是无法达到这种境界的。幸福，其实就是这么简单：别勉强自己去做别人，知足常乐即可。

知足常乐是一种看待事物的心态，不是指安于现状停滞不前。《大学》曰"止于至善"，是说人懂得如何努力而达到最理想的境地和懂得自己该处于什么位置是最好的。只有知足常乐，知前乐后，透析自我、定位自我、放松自我，才不至于好高骛远、迷失方向、碌碌无为、心有余而力不足，弄得心力交瘁。

知足是一种处世态度，常乐是一种幽幽释然的情怀。知足常乐，贵在调节。做到知足常乐，良好心态就会和为人处世并驾齐驱，充满和谐、平静、适意、真诚。这是一种人生底色，当我们都在忙于追求、拼搏而找不着北的时候，知足常乐，这种在平凡中渲染的人生底色所孕育的宁静与温馨对于风雨兼程的我们是一个避风的港口。休憩整理后，毅然前行，来源于自身平和的不竭动力。真正做到知足常乐，人生会多一份从容，多一些达观。

多贪多欲的人，纵然富甲天下，还是无法满足，等于是个穷人，他们拥有的是痛苦的根源而非幸福的靠山；而少欲知足的人，才是真正的富人。

由俭入奢易，由奢入俭难

原典

恭俭谦约，所以自守。

意译

做人处事上恭敬、勤俭、谦逊、节约，这样才能修身自省，守住家业。

修身智慧

老子曾说："吾有三宝：一曰慈，二曰俭，三曰不敢为天下先。"意思是："我有三件法宝，第一件是慈爱，第二件是节俭，第三件是不敢居于天下人的前面。"其中"节俭"是老子的"三宝"之一。纵观历史，我们会发现很多明君都是提倡节俭的人。比如历史上最著名的汉文帝，一生节俭，从不敢铺张浪费。正是从他开始才缔造了"文景之治"，为后来的汉武大帝创造了丰厚的物质基础，奠定了百姓安居乐业的天下局面，因此历史上说"德莫高于汉文"。

除了汉文帝之外，我国古代的许多帝王都非常重视节俭美德，并且以身作则，昭示天下。唐太宗李世民开创了"贞观之治"的太平盛世，使中国成为当时世界上最富强的国家。唐太宗也是我国历史上少有的既能打天下又能治天下的明君。

唐太宗非常注重节俭，深知物力维艰。一个新王朝的君主一般来说都会大兴土木，以显示自己的威严。但唐太宗认为这样会劳民伤财，所以一改以往新君登基大兴土木的风习，仍然住在隋朝时期的旧宫殿里面。在他的带领下，朝廷上下逐渐形成了崇尚节俭的风气，并出现了一大批以节俭闻名的大臣。

唐太宗常常对臣下说："人君依靠国家，国家依靠百姓。剥削百姓来奉养人君，就像割自己身上的肉来食用，肚子虽然饱了，但身子也就毁了，人君虽然富了，但国家也就亡了。所以人君的灾祸，不是来自于外面，而是由自己造成的。我常想这个道理，所以不敢奢侈纵欲。"唐太宗还经常教育太子李治要奉行节俭。比如在吃饭时，太宗会告诫说："你知道了耕种的艰难，就会常常有饭吃。"在骑马时，太宗又说："你体会到马的劳逸，不一次耗尽它的体力，就能经常有马骑。"

其实，节俭并不复杂，所需的只是随手关紧水龙头的细心、转身关掉灯的小节，于一点一滴之中渐成节俭的美德。

现代人已经过惯了“舒适的好日子”，或许早已忘记了“由俭入奢易，由奢入俭难”的道理，又或许虽记得却已无法回到那种“苦日子”了。但无论是谁都无法保证自己能享有一世的荣华富贵，因此，养成节俭的良好习惯对一个人来说，是非常重要的。无论是好日子还是苦日子，都要把节俭进行到底，细心地品味这一食不完的道德美筵。

静躁稍分，昏明顿异

原典

病莫病于无常。

意译

人世间最恶劣的病，莫过于内心不平静，反复无常。

修身智慧

人生最好的境界是安静，但是安静不是为了享受，而是为了收获人生的丰富。只有丰富的安静才是真正的安静。一个人安静，是因为摆脱了外界虚名浮利的诱惑。安静的人能收获丰富，是因为拥有了内在精神世界的宝藏。太热闹的生活始终有一个危险，就是被喧杂所占有，渐渐误以为喧杂就是生活，喧杂之外别无生活，最后就只剩下了喧杂，没有了生活。

世界是异常热闹的，但是被热闹包裹的是我们心里的安静。人们往往认为世界的纷繁复杂是外在的存在，却不知道那只是人心里的映射。正是我们的心在喧闹，这个世界才在我们的眼睛看来是一个喧闹到无法忍受的世界。捧着一本书，如果心不静，再好的书也读不进去，更不用说领会其中妙处了。读生活这本书也是如此。其实，只有安静下来，人的心灵和感官才是真正开放的，从而变得敏锐，与世界的万事万物处在一种最佳关系之中。

一位皇帝提供了一份非常优厚的奖金，希望有人能画出最平静的画，以便自己在心情烦躁时能拿来缓解情绪。许多画家都来尝试。皇帝看完所有的画，只有两幅他最喜欢。

一幅画是一片平静的湖，湖面如镜，倒映出周围的群山，上面点缀着如絮的白云。大凡看到此画的人都同意这是描绘平静的最佳图画。

另一幅画也有山，但都是崎岖和光秃的山，上面是愤怒的天空，下着大雨，雷电交加。山边翻腾着一道涌起泡沫的瀑布，看来一点都不平静。当皇帝靠近一看时，他看见瀑布后面有一个小树丛，其中有一雌鸟筑成的巢。在那里，在怒奔的水流中间，雌鸟平静地卧在它的巢里。

皇帝选择了后者，奖金给了画这幅画的画家。

“平静”作为一个形容词，如果正面地去画，只会让画面缺乏新意，反着去画又会偏离“平静”的主题，只有在对比中的“平静”不仅切题，而且鲜明。平静并不等于完全没有困难和辛劳，而是在那一切的纷乱中间，心中仍然宁静。“静躁稍分，昏明顿异”这一句话的言下之意也就在此处。

真正的生活从来不是一汪平静的湖水，太过静寂的生活反而让人觉得乏味。如何在纷扰中保持镇定和清醒、如何在平淡的生活持之以恒地保持心灵宁静是生活的两个方面。

在喧嚷的环境中，专注于我们所从事的事，不被趋之若鹜的大流俘虏，比如坚持梦想，比如闹市读书，比如淡泊名利……在平凡的生活中，感触生活中细微的奔腾，不要无所事事、碌碌无为，更不要对生活麻木。让平凡不死寂的方法很多，比如和家人享受一日三餐，享受朋友间的温情，享受不为名利纠缠的安心……

如此一来，我们就在实际生活中落实了“静躁稍分，昏明顿异”这个哲理。当一个人心境不平时，喧嚷的环境就像麦芒一样刺痒我们的生活，而当一个人心境安定时，哪怕他周围的环境已经风起云涌或者平淡如水，他也会坚持自己的生活和本性，发掘每天的美好。

克服利过而义不及

原典

见利而不苟得，此人之杰也。

意译

见利而不忘义，这样的人可谓人中豪杰。

修身智慧

世间之人，总是存在一种惯性：对于获得的嫌少，想要更多；对于付出的嫌多，希望更少。这便是国学大师冯友兰所言的利太过而义不及。正是因为知晓世人的这种惯性，冯老在研究哲学的同时，也在用自己的一生克服这种潜伏于心的惯性。

从十几岁接触哲学开始，冯友兰先生便清楚地知道，自己的“义”就是哲学。虽然学术是他人生的重点，但他的心中也存有事功之心，这便是对利的要求。于是，他用尽毕生的精力去完成自己的义，同时，极力克制对利的渴望。冯老的人生，或许未能完全舍弃利，但在克服利过而义不及的惯性上，无疑还是成功的。义与利的问题，向来是哲学家们必定会思考的问题。冯友兰认为，每种人皆有他们对于社会的权利及职责，及对于他人的权利与职责。在普通的情形中，人对于求权利，总易偏于太过，而对于尽职责，则总易偏于不及。简单来说，冯老认为，“义”就是自己应做的分内之事，“利”就是理应获得或者是超出合理范围的权利。

从前，有一个农夫，每天辛劳地工作，但仍然很贫穷。一天，他在一片离家很远的树林里碰到一位老妇人。老妇人对他说：“我知道你每天很辛苦，得到的却微乎其微。我送你一枚魔法钻戒，它能够使你拥有财富。只要你说出你想要的，同时转动手上的戒指，就能得到希望拥有的东西。但戒指只能实现一个愿望，所以你在许下愿望之前要仔细考虑清楚。”

惊愕的农夫接过戒指，激动地踏上了回家的路。晚上，农夫遇到了一个商人，他向商人讲述了这段奇特的经历。商人邀请农夫晚上住在他家，并乘夜深人静之时，用一枚相同的戒指，换走了农夫手指上的魔法钻戒。

早上醒来时，商人被一堆金子压死了。农夫在金子堆中找到了戒指，带回了家中。妻子得知此事后按捺不住激动，说：“试试看，让它带给我们大片的土地。”因为亲眼看到商人被金子压死的一幕，农夫担心要是轻易向这只魔戒许愿，会给自己带来同样的噩运。于是他对自己的妻子说道：“我们必须仔细对待我们的愿望，不要忘记，这戒指只能帮我们实现一个愿望。”农夫又解释道：“最好让我们再苦干一年，我们将会拥有更多良田。”从此，他们竭尽全力工作，并且获得了足够的钱，买了他们所希望拥有的土地。农夫的妻子想要一头牛和一匹马。农夫说：“亲爱的，我们何不再继续苦干一年？”于是一年后，他们买回了牛和马。

“我们是最快乐的人，”农夫说，“不要再谈什么魔法钻戒了，我们拥有年轻，拥有坚实的双手。等到我们老的时候，我们再去想那戒指吧。”30年以后，农夫和他的妻子已经变老了，他们拥有了所希望拥有的一切，而那枚魔法钻戒依旧完好地保存着。

农夫用对职责的义，换来了想要的利。现实的生活中，我们亦须如冯老和农夫一般，坚守对义的付出，把持对利的追求，唯此方能克服利过而义不及的惯性，活出不被利所困的潇洒、惬意的人生。

多一分谨慎，多一条退路

原典

与覆车同轨者倾，与亡国同事者灭。见已生者，慎将生；恶其迹者，须避之。

意译

与倾覆的车走同一条轨道的车也会倾覆，与已经败亡的国家做相同的事，国家也将遭到灭亡。知道以前发生的不幸之事，应该警惕再次发生类似的事；厌恶前人有过的劣迹，就应当尽力避免重蹈覆辙。

修身智慧

晚清名臣曾国藩在给弟弟曾国荃的信中说："至阿兄忝窃高位，又窃虚名，时时有颠坠之虞。吾通阅古今人物，似此名位权势，能保全善终者极少。"曾国藩每当获得高位都不忘告诫自己家中之人，名位权势虽然是好事，但是能够保全善终的人太少了。一定要事事小心，处处小心，才不会从云端跌至地狱。战战兢兢，即生时不忘地狱。这便是"见已生者慎将生，恶其迹者须避之。畏危者安，畏亡者存"的精义所在。

做人应当坦坦荡荡，有了这份浩然之气，虽在逆境中依然可以从容处世；但是即便身处高位也别忘小心谨慎。理学大家朱熹在给陈亮的信中曾说，真正的大英雄，都是从战战兢兢、如临深渊中走出来的。洪应明在《菜根谭》中也说，思立掀天揭地的事功，须从薄冰上履过。这就是说，要成就大事业，必须能够像在冰上走路那样小心谨慎才行。小心谨慎才能使自己犯错最少，如此，成功的可能性自然也就更大。

立志要做大事业的曾国藩对此深有体会。他说：越走向高位，失败的可能性越大，惨败的结局就越多。登高必然跌重，因此每升迁一次，就要以十倍于以前的谨慎心理来处理各种事务。烈马驾车，绳索已朽，随时有翻车的可能，做官何尝又不是如此？因此，他总结了官场三条秘诀：一是不参与，不管己事不过问；二是时刻小心，没有终止之日；三是时刻谦让，唯恐不能胜任。只有这样，才能久居高位。

曾国藩在其一生中，始终没有被哪位权臣所收拢。虽然穆彰阿对他有着提携之恩，在曾国藩的升迁之路上起着关键的作用。但是曾国藩并没有投靠在穆彰阿的门下，他们的政见也有所不同。1850年，道光皇帝驾崩后，新即位的咸丰皇帝就立即罢免了穆彰阿，并且下诏历数他的罪行，而曾国藩并没有为此受牵连。

对于另一个权臣肃顺，曾国藩也是如此。在咸丰朝的后期，肃顺与怡亲王、郑亲王结成了一个小集团，不仅军机大臣拱手听命，而且咸丰皇帝也对他几乎言听计从。他在打击政敌的同时还注重招揽人才，特别是汉人，对曾国藩自然也是大加青睐。湘军集团中的尹耕耘、王闿运等人都与肃党结交密切，但是曾国藩只是通过郭嵩焘等人与肃顺保持着若近若远的联系。因此后来辛酉政变肃顺倒台，慈禧太后彻查肃党时，发现朝野很多大臣都与肃顺有书信往来，唯独没有发现曾国藩的只言片语。

正是这种战战兢兢、时刻处于危机之中的心态，造就了曾国藩一刻也不放松的性格，成就了他的显赫功业。于是，在慈禧太后提出由曾国藩管辖四省的时候。曾国藩深有体会地说："陆游说能长寿就像得到富贵一样，在我还不知道他的意思时，就已经挤进老年人的行列中了。近来混了个虚浮的名誉，也不清楚是什么原因就得到了这个美好的声名。古代的人获得大的名声的时候通常都是在艰苦卓绝的时候，也因此不能顺利地度过晚年，想到这些不禁害怕，准备写奏折把这些权力辞掉，不要再管辖这四省吧，害怕背上不胜其任，以小人居君子的罪名。"

多一分谨慎，就多一条退路。正因为在处事上如此小心谨慎，曾国藩才避免了很多不必要的麻烦，在成功的道路上走得平稳顺畅。

分出善恶，做出取舍

原典

抑非损恶，所以禳过。

意译

抑制不合理的做法，减少邪恶的行径，可以避免不少祸患。

修身智慧

每个心念后面都有一个行动，只有分出心念中的善恶，做出取舍，才不至于使自己的行动伤害到无辜的人，伤害到那些我们不愿伤害的灵魂。可以说，人总是有恶的一面，有时候，很难掌握，但是黄石公说："抑非损恶，所以禳过。"意思是，如果能从心念中觉察出恶的因素，那么制止恶行的可能性就要大很多。

你我皆为凡人，有着凡人的七情六欲，这个世界上，没有至善的灵魂，也没有至恶的灵魂。只是，不同的心念中蕴涵着灵魂的善恶。我们不是上帝，也不是魔鬼，所以，在心念里辨别灵魂的善恶就显得尤为重要。

一个劳改犯从监狱里逃了出来，他混上了回家的火车，没有人认识他，拥挤的火车上也没有座位，他只能在卫生间边上跟人挤在一起，他正在寻思着偷别人的钱包，下了火车之后他还是要生存的。这时，一个年轻的姑娘红着脸问："大哥，你能帮我看一下厕所的门吗？门坏了，从里面锁不上。"他犹豫了一下，点点头，姑娘进去了，他尽心地看守着。为了这份信任，一个素不相识的姑娘，一个略显尴尬的请求。他的内心挣扎着偷钱的事情，面对那个姑娘的信任，他觉得他刚才的想法实在是龌龊。姑娘出来了，红着脸跟他道谢："谢谢大哥，您真是个好人！"

好人？一个劳改犯，越狱出来，正要偷钱。他身上背负着沉重的罪孽，他从监狱里逃了出来，无疑又加重了自己的罪，还要去偷钱，这又让他向恶的方向滑去。

坏人？为了一个素不相识的姑娘，帮忙看着厕所的门。这着实不是一个坏人的表现。坏人应该是趁火打劫，去抢了那个姑娘的钱，下了火车后挥霍一把，继续过那种逍遥法外的生活。

在他的心里，灵魂的善恶在此时激烈地交锋，在心念里，他看见了黑白两条不同的路，也看到自己心里那份良知和善良，最终，他选择了在火车到站以后，去公安局自首。这个决定让他最终无法重获自由，后半辈子都得在铁窗下度过。在后来的审问中，警察问他为什么选择了自首。他深深地叹了口气，讲述了在火车上遇见的那个姑娘。他说，因为那个姑娘的信任让他突然明白，自己不能这么一直浑浑噩噩地过下去，自己是有良心的，不能辜负那个陌生姑娘的信任。他说，虽然，他重新回到了监狱，在高墙铁窗下度过余生，但是这也比逍遥法外的时候，每天面对内心的煎熬要坦然许多。

原来，人要面临的最大痛苦不是身体的不自由，而是我们不得不放弃自己的善，承认自己的恶，并且面临无尽的心灵苦楚。为了一个陌生的微笑，一个微小的信任，从心念中找出自己灵魂里的善与恶，然后再做决定，这样，这个决定才能让人永远无怨无悔。

古人说，三思而后行。我们在心念里，要首先去区分那些灵魂里的善恶，只有这样，在做出每个决定之后，才不会后悔，不会因为这样模糊的善恶的心念和行动对别人造成伤害。人心向善，无论你是否曾经也在恶的引诱下投降、滑落和迷失。但是，从现在开始，辨别内心的善恶，向善的方向努力前行。

有些人，因为一时贪念，无法辨识灵魂的善恶，放弃了向善的心，滑向了罪恶的深渊，也许事后，我们看到他们那么痛心疾首地悔不当初，会动恻隐之心，但是世上没有一种药剂，能够倒转时间，让我们重新给他一个选择的机会，没有人能够改变历史。没有人能够抹去他们的恶的心念造成的损失和伤害。世上没有那么一种魔法，能够让我们有机会重新弥补我们的“恶”造成的伤害。可以有宽恕，但是，所有人都知道，宽容不等于一切都未发生过。无论是为了陌生的信任还是为了熟悉的期望，终究是为了灵魂的安宁。

功成身退，天之道也

原典

达乎去就之理。

意译

懂得把握好进退的尺度。

修身智慧

黄石公眼中的君子当是一个“达乎去就之理”的人，老子亦云“功成身退，天之道也”。的确，功成名就，引身而退是天道规律。一个“退”字凝结了中国人五千年的处世智慧。然而，自古身居高位者，尤其是那些辅佐他人成就一番事业者往往就算深知“飞鸟尽，良弓藏；狡兔死，走狗烹”的下场，也不懂当如何自处，因此化作刀下冤魂，而只有那些懂得身在高位急流勇退的人，才能够远离灾祸，保全自身。张良得黄石公《素书》指点，深谙高位保身之道。

张良智慧过人，屡出奇计，为西汉的建立立下了不朽的功劳。公元前201年，刘邦大封功臣，刘邦说“运筹帷幄，决胜千里之外，这是子房的功劳。”请他自选齐地三万户，作为封邑。张良坚辞不受，最后被封为留侯。

对于张良的谦逊，很多人颇为不解。刘邦的另一位谋士陈平就曾问张良：“先生功高盖世，荣宠受之无愧，又何必拒绝呢？我们追随皇上，出生入死，今有幸得偿所愿，先生不该轻言舍弃。”

陈平见张良一笑不答，又说：“先生足智多谋，非常人所能测度，莫非先生别有筹划？”

张良敛笑正容，说道：“我家几世辅佐韩国，秦灭韩时，我幸存其身，得报大仇，我愿足矣。我凭三寸不烂之舌，做了帝王的臣子，贵为列侯，我还有什么遗憾呢？我只求追随仙人遨游四方了。”

张良从此闭门不出，在家潜心修炼神仙之术。跟随张良多年的心腹有一次忍不住问张良：“富贵荣华，这是人人都不愿放弃的，大人何以功成之时，一概不求呢？这样销声匿迹，岂不太可惜了吗？请大人三思。”

张良随口一叹说：“正因如此，我才有如此抉择啊。”

张良的心腹闻言一怔，茫然不语，张良低声说：“我年轻时，散尽家财，行刺秦王，追随沛公，唯恐义不倾尽，智有所穷，方有今日的虚名。时下大局已定，天下太平，谋略当是无用之物了，我还能彰显其能吗？谋有其时，智有其废，进退应时，方为智者啊。”

张良与心腹有此一谈，但和外人他从不袒露心声。好友探望他，他从不议论时事。一次，群臣因刘邦要废掉太子刘盈之事找他相商，他枯坐良久，最后只轻声说：“皇上有此意愿，定有其道理，做臣子的怎能妄加评议呢？我对太子素来敬重，只恨我人微言轻，不能帮太子进言了。”

群臣苦劝，张良只是婉拒。群臣悻悻而去，张良的心腹对他说：“大人一口回绝，群臣皆有怨色，再说废立太子乃天下大事，大人怎忍置身事外，不闻不问呢？”

张良怅然道：“皇上性情，我是深知的啊。此事千头万绪，关系甚大，纵使我有心插手，只怕也会惹来一身的麻烦。群臣怪我事小，皇上忌怪于我事大，我又能怎么样呢？”

吕后派吕泽去强求张良，软硬兼施之下，张良无奈给他出了个主意，让吕后请出商山四皓辅佐太子。后来，吕后照此去做了。刘邦一直崇敬这四个人，待见他们出山相助太子，大惊失色，自知太子羽翼已成，不得不放弃了废太子的念头。

吕后派人向张良致谢，张良却回绝说：“这都是皇后的高见，与我何干呢？请转奏皇后，此事千万不可再提起了。”

吕后听了使者回报，感叹良久，她对自己的妹妹说：“张良不居功是小，弃智绝俗才是大啊。我先前只知道他智谋超群，今日才知他是深不可测，非我等可以窥伺得了的。”

刘邦死后，吕后专权。张良对世事的变故一概不问，对求见他的大臣也一律不见。吕后见他潜心研学道家养生之术，便不以他为患，反而对他愈生钦敬。她派人对张良说：“人的一生十分短暂，应该及时享乐。听闻你为炼仙术，竟致绝食，何须如此？切不要自寻烦恼了。”

在吕后的一再催促下，张良才勉强用饭。吕后对其他的大臣或杀或贬，却唯独对张良关爱有加。

人往高处走，水往低处流，一个上进的人一定是不断追求成功的人。然而，花太盛容易衰败，人太强容易遭忌，因此身在高位，当学张良，头脑清晰，适时退隐。大业曾成，功绩流芳，隐于山野，逍遥自在，颐养天年。

汉高祖时，吕后采用萧何之计，诛杀了韩信。当时，正带兵征剿叛军的汉高祖刘邦闻讯，封萧何为相国，加赐五千户，再令五百士卒、一名都尉做护卫。百官都向萧何祝贺，唯陈平表示担心，暗地里对萧何说：“大祸由现在开始了。皇上在外作战，您掌管国政。您没有冒着箭雨滚石的危险，皇上却增加您的俸薪和护卫，这并非表示宠信。如今淮阴侯韩信谋反被诛，皇上心有余悸，他也有怀疑您的心理。我劝您辞封赏，拿所有家产去辅助作战，这才能打消皇上的疑虑。”萧何依计而行，变卖家产犒军。高祖果然喜悦，疑虑顿减。

这年秋天，英布谋反，高祖御驾亲征，其间派遣使者数次问候萧何。回报说：“因为皇上在军中，相国正鼓励百姓拿出家财辅助军队征战，正如上次所做。”这时有个门客对萧何说：“您不久就会被灭族了，您身居高位，功劳第一，便不可再得到皇上的恩宠。可是自您进入关中，一直得到百姓拥护，如今已有十多年了。皇上数次派人问及您的原因，是害怕您受到关中百姓的拥戴。现在您为何不多买田地，少抚恤百姓，以自损名声呢？皇上必定会因此消除疑心的。”萧何认为有理，又依此计行事。高祖得胜回朝，有百姓拦路控诉相国。高祖不但没有生气，反而高兴异常，也没对萧何进行任何处分。

“一家富贵千家怨，半世功名百世愆”。在既有的富贵之中，如果不懂得自保自持，持富而骄，便会自招恶果，后患无穷。要想长保“金玉满堂”的富贵光景，必须深知“揣而锐之”的不得当，以及“富贵而骄，自遗其咎”的可畏。因此，萧何在富贵与宠幸达到极致时，知时知量，散财自污，退步自污，如此自保。

说到萧何，当提到另一个人李斯。当初李斯贵为秦相时，“持而盈”、“揣而锐”，最后却以悲剧告终。临刑之时，李斯对其子说：“吾欲与若复牵黄犬，出上蔡东门，逐狡兔，岂可得乎？”他临死才幡然醒悟，渴望重新返璞归真，在平淡生活中找寻幸福，但悔之晚矣。

进一步，容易；退一步，困难。大多数人能成功，却不能全身而退；少数人看透功名利禄，重视过程，淡看结果，终能功成身退。

“退”从表面上看来是你受到损失了，其实这正是最难把握的地方。最难舍弃的东西你都愿意舍弃，这样才显得你有博大胸怀。最终你会发现受益的还是你自己，就像老子所说的“无私乃大私也”。如果已有聪慧而不知谦虚涵容，已有权势而不知隐遁退让，已有财富而不知适可而止，如矢上加尖，山峭石崩，得不偿失。

参考文献

[1]潘静，王艳明．成长三书［M］．北京：中国广播电视出版社，2009．

[2]刘善文，蔡践．左手冰鉴右手素书［M］．北京：九州出版社，2010．

[3]雅瑟．素书大全集［M］．北京：新世界出版社，2012．

[4]钟墨．每天读点《素书》《挺经》《权谋书》《守弱学》智慧［M］．北京：同心出版社，2012．

[5]郭瑞增．读透素书［M］．北京：中国纺织出版社，2013．

[6]东篱子．素书全鉴［M］．北京：中国纺织出版社，2014．

[7]文慧．素书谋略全本［M］．长沙：湖南文艺出版社，2012．

[8]欧阳居士．鬼谷子 素书（典藏版）［M］．北京：中国画报出版社，2012．

[9]李向峰．每天读点素书［M］．北京：中央编译出版社，2010．